"十二五"职业教育国家规划教材
经全国职业教育教材审定委员会审定

多媒体制作与应用

◎ 张兴华　寇义锋　主编

电子工业出版社
Publishing House of Electronics Industry
北京·BEIJING

内 容 简 介

本书针对数字影音后期制作领域，深入浅出地讲解了数字影音后期制作的流程及每个环节的操作要点。

本书内容包括多媒体技术概述、图形图像处理、音频制作、视频制作、动画制作5个部分。本书先对当今流行的多媒体技术及概念进行阐述，然后对各种媒体的制作与应用技巧进行讲解，包括图形图像、音频、视频、动画4种主流媒体。全书主要涉及Adobe公司的5种软件，分别是Photoshop、Audition、Premiere Pro、After Effects、Animate，各项目将分别对各类媒体的制作与应用由浅入深、循序渐进地进行讲解，重点突出，易学易用。

本书可以作为中职和高职相关专业的教材，也可以作为信息技术应用的培训用书，还可以作为对媒体制作有兴趣的读者的学习参考书。

未经许可，不得以任何方式复制或抄袭本书的部分或全部内容。
版权所有，侵权必究。

图书在版编目（CIP）数据

多媒体制作与应用 / 张兴华，寇义锋主编. —北京：电子工业出版社，2024.3

ISBN 978-7-121-47370-8

Ⅰ. ①多… Ⅱ. ①张… ②寇… Ⅲ. ①多媒体技术 Ⅳ. ①TP37

中国国家版本馆 CIP 数据核字（2024）第 048091 号

责任编辑：罗美娜　　文字编辑：曹　旭
印　　刷：北京七彩京通数码快印有限公司
装　　订：北京七彩京通数码快印有限公司
出版发行：电子工业出版社
　　　　　北京市海淀区万寿路 173 信箱　邮编　100036
开　　本：880×1 230　1/16　印张：19.5　字数：449.3 千字
版　　次：2024 年 3 月第 1 版
印　　次：2024 年 3 月第 1 次印刷
定　　价：65.00 元

凡所购买电子工业出版社图书有缺损问题，请向购买书店调换。若书店售缺，请与本社发行部联系，联系及邮购电话：（010）88254888，88258888。

质量投诉请发邮件至 zlts@phei.com.cn，盗版侵权举报请发邮件至 dbqq@phei.com.cn。

本书咨询联系方式：（010）88254617，luomn@phei.com.cn。

彩 图

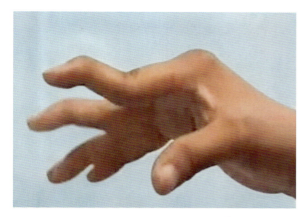

彩图 8-1 "天鹅颈"样畸形

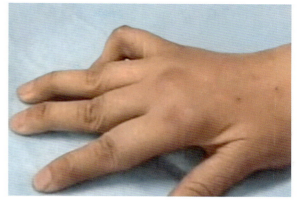

彩图 8-2 "纽扣花"样畸形

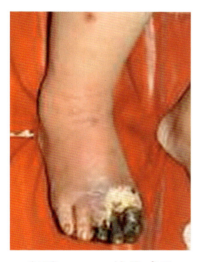

彩图 11-1 糖尿病足

彩图 11-2 胰岛素笔

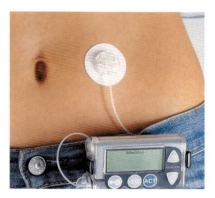

彩图 11-3 胰岛素泵

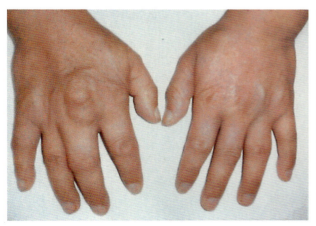

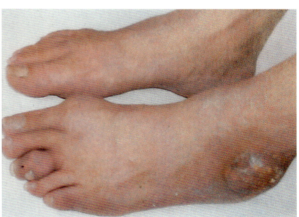

彩图 11-4 痛风石

PREFACE 前　言

　　本书紧密结合职业教育特点，一切从岗位专业需求出发，结合数字影音后期制作的教学实践，理论联系实际，突出技能操作和知识应用，重点培养动手能力，重视提升学科的核心素养，符合职业教育院校学生的认知规律和学习要求。

　　本书提炼各类媒体的制作与应用技法，不同于以软件为中心的大而全的学习，而是以岗位对专业技能的需求为出发点，以解决问题为目标，构造情景，生成任务，即编写任务驱动型的课程内容。

　　本书提供了非常丰富的教学与学习资源，既为教师提供方便，又为学生提供指导，资源包括：素材、项目源文件、习题解答、部分教学视频、教案、教学指南、教学课件等。

　　本书编写人员都是多年从事多媒体技术相关课程教学的一线人员，都有长时间的企业实践经历。每位编写人员都有多次主编和参编职业教育教材的经验。

　　本书由张兴华和寇义锋担任主编。张兴华负责整本书的编写分配工作、教材编写进程管理，并负责教材校对审核工作。其中寇义锋负责编写教材样章及体例，并负责素材整理与分发，编写正文项目3内容，并制作相应配套资源。本书由刘学雷和石翠红担任副主编，除负责教材初步校对和审核工作外，由刘学雷编写正文项目1内容，并制作相应配套资源；由石翠红编写正文项目4内容，并制作相应配套资源。由李莹编写正文项目2，并制作相应配套资源。由李智龙编写正文项目5，并制作相应配套资源。

　　本书在编写过程中，全面贯彻党的教育方针，落实立德树人根本任务，以建设高起点、高标准的中国特色高质量职业教育教材体系为目标。

　　教材在编写时，以真实情景、真实工作任务为载体，体现了数字媒体产业发展的新技术、新工艺、新规范、新标准。

CONTENTS

目 录

项目1 多媒体技术概述 ·· 001
   应用场景 ··· 002
   任务1 多媒体技术基础知识 ·· 003
   任务2 多媒体系统 ··· 007
   课后习题 ··· 011

项目2 图形图像处理 ·· 013
   应用场景 ··· 014
   任务1 Photoshop 入门 ·· 015
      活动1 新建、打开及存储文件 ··· 016
      活动2 软件界面 ·· 020
      活动3 基础操作 ·· 024
   任务2 制作"蛋糕店"移动端海报 ··· 030
      活动1 新建文件和打开文件 ·· 031
      活动2 图像大小的调整和移动 ·· 033
      活动3 套索工具制作选区 ··· 035
      活动4 选区填充——内容识别的使用 ··· 036
   任务3 制作证件照 ··· 043
      活动1 裁剪照片 ·· 044
      活动2 新建文件并建立标尺 ·· 044
      活动3 旋转复制和合并图层 ·· 046
   任务4 制作夏荷"水滴" ··· 049
      活动1 绘制水滴 ·· 050

活动 2　参数调整 ··· 052

任务 5　制作"颜色校正"的数码照片 ································· 061
　　活动 1　曝光效果的调整 ··· 062
　　活动 2　对比度不足的调整 ··· 063
　　活动 3　让照片更出色 ··· 066

任务 6　制作"夏日上新"海报 ··· 069
　　活动 1　设置背景色 ··· 070
　　活动 2　置入素材文件 ··· 073
　　活动 3　制作文字部分 ··· 075

任务 7　制作"太空小狗"爱宠萌照 ····································· 080

课后习题 ·· 087

项目 3　音频制作 ··· **089**

应用场景 ·· 090

任务 1　获取音频 ··· 091
　　活动 1　从资源网站中获取音频 ··· 092
　　活动 2　使用计算机的应用程序下载音频 ························· 094
　　活动 3　使用手机 APP 下载音频 ······································· 100
　　活动 4　使用手机录音 ··· 103
　　活动 5　使用计算机录制麦克风的声音 ····························· 107
　　活动 6　通过文字制作音频 ··· 111
　　活动 7　音频格式转换 ··· 115

任务 2　编辑音频 ··· 121
　　活动 1　Adobe Audition 入门操作 ······································ 122
　　活动 2　降噪 ··· 128

任务 3　制作诗朗诵音频 ··· 134

课后习题 ·· 143

项目 4　视频制作 ··· **145**

应用场景 ·· 146

任务 1　获取视频素材 ··· 147
　　活动 1　用手机拍摄获取视频素材 ····································· 148
　　活动 2　用摄像机拍摄获取视频素材 ································· 148

任务 2　视频文件格式及转换方法 ····································· 148

目 录

  活动 1 常见的视频文件格式 ………………………………………… 149
  活动 2 视频文件格式转换 ………………………………………… 152
 任务 3 剪辑视频 ……………………………………………………………… 155
  活动 1 导入素材 ……………………………………………………… 156
  活动 2 剪辑视频 ……………………………………………………… 160
  活动 3 导出视频 ……………………………………………………… 164
 任务 4 制作字幕 ……………………………………………………………… 166
  活动 1 制作静态字幕 ………………………………………………… 167
  活动 2 制作动态字幕 ………………………………………………… 173
 任务 5 制作运动效果 ………………………………………………………… 174
  活动 1 制作一张图片的运动效果 …………………………………… 175
  活动 2 制作多张图片的运动效果 …………………………………… 180
 任务 6 添加视频转场 ………………………………………………………… 185
  活动 1 制作"午后的蔷薇花海"转场 ………………………………… 186
  活动 2 制作"乡村见闻"转场 ……………………………………… 194
 任务 7 制作发光文字 ………………………………………………………… 201
 任务 8 制作画中画 …………………………………………………………… 206
  活动 1 制作画中画效果 ……………………………………………… 207
  活动 2 实现画中画效果的其他方法 ………………………………… 212
 任务 9 制作山水仙境 ………………………………………………………… 214
  活动 1 天空色彩调整 ………………………………………………… 215
  活动 2 湖水色彩调整 ………………………………………………… 216
 任务 10 视频的抠像合成 ……………………………………………………… 219
 任务 11 制作蒙版动画 ………………………………………………………… 225
 任务 12 制作文字动画 ………………………………………………………… 234
 任务 13 制作"人间四季"过渡效果 ………………………………………… 240
 任务 14 制作秋色美景 ………………………………………………………… 246
 课后习题 ………………………………………………………………………… 251

项目 5 动画制作 …………………………………………………………………… 253

 应用场景 ………………………………………………………………………… 254
 任务 1 Adobe Animate 入门 ……………………………………………… 255
  活动 1 软件的下载与安装 …………………………………………… 256
  活动 2 启动软件与新建文件 ………………………………………… 258

活动 3　软件界面 ··· 261

　　活动 4　基本操作 ··· 266

任务 2　制作"绿色出行"海报 ··· 270

　　活动 1　绘制海报背景 ··· 271

　　活动 2　绘制汽车元素 ··· 278

　　活动 3　合成海报 ··· 282

任务 3　制作"文创 T 恤衫" ·· 290

　　活动 1　制作机器人元件 ··· 290

　　活动 2　使用库面板调用其他元件 ·· 299

课后习题 ·· 302

项目 1　多媒体技术概述

　　多媒体技术是指使用计算机对文字、图形图像、音频、视频、动画等多种媒体信息进行综合处理和管理，使用户可以通过多种感官与计算机进行实时信息交互的技术，又称为计算机多媒体技术。

　　目前，多媒体技术已经进入了各个领域，人们都在关注多媒体技术的发展和市场变化，很多人想借助多媒体技术来发展自己的事业，也有很多即将毕业的学生，想通过娴熟的多媒体技术获得用人单位的认可。多媒体技术以其入门门槛低、市场需求量大、涉及领域广等特点，以及信息技术成熟、制作设备成本低等优势，成为各行各业人们的学习目标，多媒体技术必将使我们这个世界更加绚烂多彩。

应用场景

场景1：地铁列车

一辆载满乘客的地铁列车上，90%以上的乘客都没有闲着，有的看精美的图片，有的沉醉于网络音乐，有的被网上的短视频逗得开心大笑，还有的在看动画片……当这个场景展现在你面前时，你不禁感慨，信息技术将人类带入了新时代，多媒体技术给人们带来了无穷的欢乐。

场景2：家庭剧场

周日，一个三代同堂的五口之家沉浸在忙碌的氛围中。最小的可爱宝贝今年3岁，已经借助大量的短视频成为"小网红"，大人们正为其策划下一个视频作品，讨论如何化妆、如何拍摄、如何剪辑出精美的短片、如何添加一些特效提升视频效果、如何利用音效提升视频的听觉体验……

场景3：草根歌手创作

同很多喜欢音乐的人一样，小丽特别喜欢听歌、唱歌，而且她有一副好嗓子，她的歌声像百灵鸟一样婉转悠扬、清脆悦耳，她有一个理想——成为一名歌手，为更多的人带去好听的音乐作品，用歌声为人们送去美好的祝福。

她有一个家庭录音棚。家里为了支持她的歌唱事业将书房装修成录音棚，配备了比较专业的麦克风（传声器，多指向，电容式，具有低切滤波和衰减功能，特别适合录制人声和部分乐器声）、音频接口/声卡（采用可以接两个麦克风的设备，高度集成，具有高保真、稳定及更低延迟性能，日后可根据需要拓展设备）、监听耳机（比较适合现场录音及音效编辑、混音，不易受周遭声音干扰）、监听音箱、监听控制器（集监听电平、控制监听、切换监听、听源选择功能于一体）等设备。

现在的小丽，每逢工作和学习之余，就会沉浸在自己的音乐事业中，她已经学会了全流程创作，特别是在录音、剪辑、发布作品等环节得心应手，目前已在网上发布了几首个人作品，粉丝越来越多了，小丽的歌唱事业越来越红火。

任务 1　多媒体技术基础知识

1. 媒体

媒体即媒介、媒质，它是信息的载体。媒体在计算机领域中有两层含义：一是存储信息的实体，如磁带、光盘、磁盘和半导体存储器等，即媒质；二是传递信息的载体（即计算机中的数据），如数字、文字、声音、图形和图像等，即媒介。多媒体技术中的媒体指后者。媒体通常被分为以下 6 类。

（1）感觉媒体（Perception Medium）：能直接作用于人的感觉器官，从而使人产生直接感觉的媒体，如语言、音乐、自然界中的各种声音、图像、动画、文字等。

（2）表示媒体（Representation Medium）：为了传送感觉媒体而人为研究出来的媒体。借助于此种媒体，能更加有效地存储感觉媒体或将感觉媒体从一个地方传送到任意一个地方，如语言编码、电报码、条形码等。

（3）显示媒体（Presentation Medium）：通信中使电信号和感觉媒体之间产生转换的媒体，如输入设备、输出设备、键盘、鼠标、显示器、打印机等。

（4）存储媒体（Storage Medium）：用于存放某种媒体的媒体，如纸张、磁带、磁盘、光盘等。

（5）传输媒体（Transmission Medium）：用于传输某些媒体的媒体。常用的传输媒体有电话线、电缆、光纤等。

（6）交换媒体（Exchange Medium）：在系统之间交换数据的手段与类型，它们可以是存储媒体、传输媒体，或者是两者的某种结合。

2. 多媒体技术的发展历程

多媒体技术是一种基于计算机科学的技术，是综合了数字化信息处理技术、音频视频技术、现代通信技术、计算机现代网络技术、计算机软硬件技术、人工智能模式识别技术等的一门新兴学科。

在计算机诞生之前人们就已经掌握了诸多利用单一媒体的技术，如文字印刷、电报/电话通信、电影制作等，但用多媒体技术的特性来衡量，这些都不是多媒体技术。自 20 世纪 50 年代计算机诞生开始，计算机从只能认识 0、1 组合的二进制代码，逐渐发展成处理文本和简单几何图形的系统，具备处理更复杂信息技术的潜力。随着技术的发展，到了 20 世纪 70 年代中期，广播、出版和计算机三者融合的电子媒体成为发展趋势，这为多媒体技术的快速形成创造了良好的条件。通常，人们把 1984 年美国 Apple 公司推出个人台式计算机 Macintosh

作为计算机多媒体时代到来的标志。

在这个过程中出现了很多有代表性的思想和技术,进一步推动了多媒体技术走向成熟。计算机技术的发展使相关技术标准化的需求产生,这些标准的制定更有力地推动了多媒体技术的快速发展。目前,多媒体计算机系统主要有两种:一种是 Apple 公司的 Power Max 系统,其功能强、性能高;另一种是以 Windows 系列操作系统为平台的 MPC,其也是应用较为广泛的多媒体个人计算机系统。

在多媒体技术发展的同时,计算机网络技术和光存储技术等也在不断发展。大容量 CD-ROM 和 DVD 的出现解决了多媒体信息的低成本存储问题;而宽带多媒体网络则解决了不同媒体信息传输的实时性和同步问题;广播电视技术也从以前的模拟技术阶段发展到数字技术阶段。多媒体应用领域的扩展及多媒体技术的进一步发展,必将加速计算机互联网、公共通信网及广播电视网三网合一的进程,从而形成快速、高效的多媒体信息综合网络,提供更为人性化的综合多媒体信息服务。宽带多媒体综合网络、高性能的 MPC 及交互式电视技术的融合,标志着多媒体技术已进入多媒体网络时代。

3. 多媒体技术的特点

(1)集成性。多媒体技术能够对信息进行多通道统一获取、存储、组织与合成。

(2)控制性。多媒体技术以计算机为中心,综合处理和控制多媒体信息,并按人的要求以多种媒体形式表现出来,同时作用于人的多种感官。

(3)交互性。交互性是多媒体有别于传统信息交流媒体的主要特点之一。传统信息交流媒体只能单向、被动地传播信息,而多媒体技术可以实现人对信息的主动选择和控制。

(4)非线性。多媒体技术的非线性特点改变了人们传统循序性的读写模式。以往人们读写时大多采用章、节、页的框架,循序渐进地获取知识,而多媒体技术借助超文本链接(Hyper Text Link)的方法,把内容以一种更灵活、更具变化性的方式呈现给读者。

(5)实时性。当用户给出操作命令时,相应的多媒体信息都能够得到实时控制。

(6)信息使用的方便性。用户可以按照自己的需要、兴趣、任务要求、偏爱和认知特点使用信息,任意选取图、文、声等信息表现形式。

(7)信息结构的动态性。"多媒体是一部永远读不完的书",用户可以按照自己的目的和认知情况重新组织信息,增加、删除或修改节点,重新建立链接。

4. 多媒体技术的应用领域

多媒体技术的发展使计算机的信息处理在规范化和标准化的基础上更加多样化和人性化,特别是多媒体技术与网络通信技术的结合,使得远距离多媒体应用成为可能,也加速了多媒体技术在各个领域广泛应用。

(1)教育与培训。

多媒体技术的应用改变了传统的教学模式,使得教育教学方法发生了重大变化。多媒体技术可以通过文字、图形图像、声音、视频、动画等以更直观、更具有趣味性的方式向学生展示理论原理等知识,使学生更好地理解知识、掌握知识,也为学生的自学创造了条件。

(2)影视娱乐。

计算机诞生之初主要用于数学运算和逻辑运算。随着计算机走进千家万户,人们对计算机的需求变多了。多媒体技术兴起后,计算机上可以表达的媒体除字符外,还有图形图像、声音、视频、动画等多种媒体的组合,极大地满足了人们在影视娱乐领域的需求。现在生活中随处可见"刷"视频、看电影的人,这也是多媒体技术改变人类生活方式的具体表现。

(3)电子商务与广告。

自电视机出现以来,电视广告从过去单一的字幕发展到现在精彩的影片。与电视广告类似,在电子商务领域,广告也从原来的文字广告逐步发展到图文广告、影片广告,目前正在火热普及的是商品销售直播。可以说,多媒体技术改变了电子商务销售手段。

(4)信息发布。

多媒体技术的发展使得信息发布变得相当容易。企业或学校都可以创建自己的网站,在网站中大量使用各种媒体,包括字符、图形图像、声音、视频、动画等,对所要发布的信息进行各种形式的包装,使得信息接收者更加准确地把握信息的内容。个人也可以方便地使用智能手机在微博、QQ 群、微信朋友圈或个人主页发布信息,或者通过手机浏览网上资源,接收要获取的信息。

(5)文化宣传。

现在很多城市或景区的夜景设施都已成为文化宣传的重要阵地。这些文化宣传设施大部分采用 5G 等高科技手段实现灯光联动控制,将城市或景区的文化进行丰富的演绎,使安装在各个建筑物或山体上的重要节点灯光整体联动,以此突出文化主题(见图 1-1)。

图 1-1

（6）游戏。

游戏是一种融合多种媒体技术，具有多媒体感觉刺激的产品，通过字符描述（游戏玩法帮助、故事情节交代、物品说明等）、炫酷的游戏动画、逼真的情景、真实的音效将玩家带入游戏世界，享受真实、互动、刺激的体验。

（7）数字出版。

2021年4月16日，第七届中国数字阅读大会发布了《2020年度中国数字阅读报告》。数据显示，2020年中国数字阅读产业规模达351.6亿元，增长率达21.8%；全国数字阅读用户规模达4.94亿，比2019年增长了5.56%，人均电子书阅读量9.1本，人均有声书阅读量6.3本，电子书+有声书的人均数字阅读量较2019年增长5.5%。

传统出版物主要包括报纸、杂志和图书，也就是实体印刷品。与传统出版物不同，数字出版中"所有的信息都以统一的二进制代码的数字化形式存储于光、磁等介质中，信息的处理与传递则借助计算机或类似设备进行"。数字出版物具有携带阅读方便、内容上更加丰富的优点。在现代生活中，在线地图、电子书、网络小说随处可见。

（8）虚拟现实。

所谓虚拟现实（Virtual Reality，VR），就是虚拟和现实相互结合。其以计算机技术为核心，融合了计算机图像、模拟与仿真、传感器、显示系统等多种技术，通过相关设备，能够以模拟仿真的方式生成与一定范围内的现实世界在视觉、听觉、触觉等方面高度近似的数字化环境。人们通过一些交互设备与该数字化环境进行交互，能够产生亲临现实世界的体验。

（9）医疗影像。

现代先进的医疗诊断技术的共同特点是，以现代物理技术为基础，借助计算机技术，对医疗影像进行数字化和重建处理，计算机在成像过程中起着至关重要的作用。与传统医疗诊断技术相比，具有多媒体处理功能的新一代医疗诊断系统，在媒体种类、媒体介质、媒体存储及管理方式、诊断辅助信息、直观性和实时性等方面都是无法比拟的。同时，多媒体技术在网络远程诊断中也发挥着至关重要的作用。

（10）文物保护。

中华文明历史悠久，中国文化源远流长。我国的历史文化直观地表现为丰富的文物。文物的保护正在困扰着科学家们，因为文物的色泽、质地会随着时间的消逝而发生变化。以前，在多媒体技术匮乏的时代，为了保留文物的原貌，会对文物拍照，以便在有能力修复时作为参考。现在，随着多媒体技术的发展，我们可以对珍贵或濒临消失的文物进行三维模型制作，方便日后的文物保护与修复。

任务 2　多媒体系统

多媒体系统由多媒体硬件系统和多媒体软件系统两部分组成。其中，多媒体硬件系统主要包括计算机主机、各种外部设备及与各种外部设备连接的控制接口卡；多媒体软件系统包括多媒体驱动软件、多媒体操作系统、多媒体数据处理软件、多媒体创作工具软件和多媒体应用软件。

1. 多媒体硬件系统

（1）计算机主机。

在多媒体硬件系统中，计算机主机是基础性部件，是硬件系统的核心。

多媒体计算机主机可以是中型机、大型机，也可以是工作站，然而更普遍的是多媒体个人计算机。

（2）声卡。

声卡又称音频卡，是处理音频信号的硬件，声卡的主要功能包括录制与播放、编辑与合成处理、提供 MIDI 接口（见图 1-2）。

声卡通常分为普通声卡和专业声卡。普通声卡通过主板集成或插入主板扩展槽的方式与主机相连。而专业声卡有着不同寻常的外观。

专业声卡是专门为专业人士设计的，专业声卡的制造成本比普通声卡要高很多。在购买时，不建议追求太多的功能，而一定要注意驱动程序运行稳定、声音高度保真。

图 1-2

（3）图形加速卡。

图形加速卡工作在 CPU 和显示器之间，控制计算机的图形输出。通常图形加速卡以附加卡的形式安装在计算机主板的扩展槽中。

①图形加速卡的基本功能。图形加速卡专门用来执行图形加速任务，因此可以减少 CPU 处理图形的负担。

②显存。图形加速卡上的显存用来存储显示芯片（组）所处理的数据信息。

③刷新频率。刷新频率是指 RAMDAC（随机数模转换存储器）向显示器传送信号时每秒重绘屏幕的次数，单位是 Hz。

④色深。色深可以看作一个调色板，它决定屏幕上每个像素由多少种颜色控制。每个像素都由红、绿、蓝 3 种基本颜色组成，像素的亮度也由它们控制。通常色深可以设定为 4 位

色、8位色、16位色和24位色。色深的位数越高,能够得到的颜色就越多,屏幕上的图像质量就越好。

⑤图形加速卡接口。其是连接图形加速卡和CPU的通道。

(4)视频采集卡。

视频采集卡的功能是获取数字化视频信息。简单地说,视频采集卡现在应用非常广泛,很多媒体从业人员都使用视频采集卡连接两台计算机,一台用于采集录制,一台用于直播。

视频采集卡又称视频捕捉器,功能是获取数字化视频信息。通俗地讲,视频采集卡将视频录制设备产生的视频和音频输入计算机,将其转化为可以存储的数字信息并进行储存,现在可以实现音频部分和视频部分在数字化时同步保存、同步播放,也有很多视频采集卡能在捕捉视频信息的同时获得伴音。

(5)数码相机。

数码相机(Digital Camera,DC),是一种利用电子传感器把光学影像转换成电子数据的照相机,如图1-3所示,按用途可分为单反相机、微单相机、卡片相机、长焦相机和家用相机等。

(6)数码摄像机。

数码摄像机(Digital Video),简称DV,它是多家家电厂商联合制定的一种数码视频格式,现在的DV在大多数情况下是指数码摄像机,是能够拍摄连续动态视频图像的数字影像设备(见图1-4)。

图1-3

图1-4

当前,对非专业摄影/摄像人士而言,一部手机几乎能搞定所有与"摄影""摄像"相关的工作。

从2000年年底日本Sharp推出第一款照相手机到现在,手机相机技术的发展日新月异,它不仅使卡片式数码相机市场几乎消失殆尽,还将包括单反相机、无反相机在内的高端数码相机市场进一步压缩,整个数码相机市场销量已经萎缩到巅峰时期的10%左右。

然而手机影像的发展还远没有到达终点,一位业界人士曾说:"AI(人工智能)技术极大地推动了手机摄影的进步,这种结合已经进入第三阶段,距离第四阶段还有3~5年时间。"多数人认为在不久的将来,手机摄影将会达到或超越数码单反相机的水平。

(7)扫描仪。

扫描仪(Scanner)是一种捕获影像的装置,是一种光机电一体化的计算机外设产品,功能是将影像转换为计算机可以显示、编辑、存储和输出的数字格式,是功能很强的一种输入设备(见图1-5)。有一些扫描仪配合专用的应用软件后还可以进行中英文的智能识别。

(8)调音台。

调音台(Mixer)又称调音控制台,是现代电台广播、舞台扩音、音像节目制作等系统中进行播送和录制节目的重要设备(见图1-6)。调音台分为三部分:输入部分、母线部分和输出部分。母线部分把输入部分和输出部分联系起来,功能是将多路输入信号进行放大、混合、分配、音质修饰和音响效果加工,最后再通过母线部分输出。

(9)监听音箱。

监听音箱是一种专业用的音响器材(见图1-7)。与普通音箱不同,监听音箱是没有加过音色渲染(音染)的音箱;与普通音箱的高保真不同,监听音箱相当于全保真。监听音箱的特点是能够平衡地还原高、中、低三个频段的声音,对声音的回放不进行任何的修饰、渲染,忠实地还原音频信号。监听音箱主要用于控制室、录音室。它具有失真小、频响宽而平直,对信号很少修饰等特性,因此最能真实地重现节目的原来面貌。

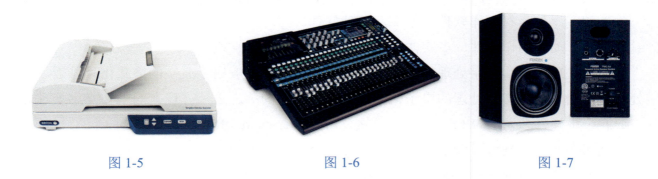

图1-5　　　　　　　　　　图1-6　　　　　　　　　　图1-7

(10)麦克风。

麦克风即传声器,又称为话筒、微音器,是将声音信号转换为电信号的能量转换器件。根据换能原理,其可划分为电动麦克风(见图1-8)和电容麦克风(见图1-9)两种。

图1-8　　　　　　　　　　图1-9

现在广为使用的麦克风是电容麦克风，它的特点是利用电容充放电原理，内部有复杂的电子电路，清晰度和灵敏度高，音质饱满浑厚但不浑浊。

2. 多媒体软件系统

多媒体软件系统是多媒体技术的灵魂，它的作用是使用户能方便而有效地组织和运用多媒体数据。

（1）多媒体驱动软件与操作系统。

多媒体驱动软件与操作系统为多媒体系统软件的核心，除与硬件设备打交道（驱动、控制这些设备）外，还要提供输入/输出控制界面，即 I/O 接口程序。多媒体操作系统对多媒体计算机的硬件、软件进行控制与管理。

（2）多媒体数据处理软件、创作工具软件和应用软件。

多媒体数据处理软件、创作工具软件和应用软件支持开发人员利用接口和工具采集、制作媒体数据。常用的工具有图像设计与编辑系统、动画制作系统、声音采集与编辑系统、视频采集与编辑系统及多媒体公用程序等。

多媒体编辑与创作系统是多媒体应用系统编辑制作的环境，通常除编辑功能外，还具有控制外部设备播放多媒体的功能，可以利用它创作各种多媒体作品。

常见的多媒体素材制作软件包括文字处理软件、图形图像处理软件、音频处理软件、视频编辑软件、动画制作软件、多媒体集成软件等。

①文字处理软件。文字处理软件是办公软件的一种，一般用于文字的格式化和排版。文字处理软件的发展和文字处理的电子化是信息社会发展的标志之一。现有的中文文字处理软件主要有金山软件公司的 WPS Office、微软公司的 Microsoft Office 等。

②图形图像处理软件。图形图像处理软件是处理图形图像信息的各种应用软件的总称。常用的图形图像处理软件有 Adobe Photoshop、美图秀秀、光影魔术手等。

③音频处理软件。音频处理软件是一类对音频进行混音、录制、音量增益、节奏快慢调节、声音淡入/淡出处理的软件。常用的音频处理软件有 Adobe Audition、XAudioPro 等。

④视频编辑软件。视频编辑软件是对视频源进行非线性编辑的软件。常用的视频编辑软件国外的有 Adobe Premiere Pro、Adobe After Effects（视频特效编辑）、Corel VideoStudio（会声会影），国内的有剪映、快影、快剪辑等。

⑤动画制作软件。动画制作软件是将计算机生成的图形文件转换为动画的专门程序。常用的动画制作软件有二维矢量动画创作软件 Adobe Animate、Adobe Flash（2005 年被 Adobe 公司收购），三维动画制作软件 Maya、3ds Max，国产动画制作软件万彩动画大师等。

⑥多媒体集成软件。对各类多媒体元素采集、编辑后，就可以将多种媒体素材集成在一起，搭建软件执行框架，设计各种交互动作，设置各种媒体的呈现顺序或呈现条件，完成一个完整的多媒体作品了。常见的多媒体集成软件有 Microsoft Office PowerPoint、Adobe

Director、WPS Office 演示、方正奥思多媒体创作工具（Founder Author Tool）等。

（3）多媒体应用系统的运行平台。

多媒体应用系统的运行平台是指多媒体播放软件。多媒体播放软件可以在计算机上播放硬盘中的内容，也可以单独播放多媒体产品。多媒体应用系统放到存储介质中，如硬盘、U盘、光盘等。常见的多媒体播放软件有腾讯公司的 QQ 影音和 QQ 音乐、迅雷公司的迅雷看看（原名迅雷影音）、百度公司的百度视频播放器等。

课后习题

1. 简述多媒体技术的特点。
2. 简述多媒体系统构成。

项目 2　图形图像处理

在现今这个充满信息的时代，图像作为人类感知世界的视觉基础，是人类获取信息、表达信息和传递信息的重要手段。图形图像处理，即用计算机对图形图像进行处理。首先数字图像处理技术可以帮助人们更客观、准确地认识世界，人的视觉系统可以帮助人类从外界获取 3/4 以上的信息，而图像、图形又是所有视觉信息的载体。

图形图像处理有两种：一种是偏向计算机理论的，是研究相关算法的，另一种是偏向艺术的。在日常生活中，后者往往出现和使用得更频繁，偏向艺术的图形图像处理往往以设计软件为工具，来实现图形图像处理的效果和目的。

图形图像处理技术具有极大的发展前景，社会需求较大，图形图像处理技术以其独特的魅力成为目前最热门的专业之一。

Photoshop 已经成为众多图像处理软件中的佼佼者，是计算机美术设计中不可缺少的图像设计软件。图形图像处理是偏重实践的应用型课程。广泛应用于网页制作、包装装潢、商业演示、服饰设计、广告宣传、建筑以及环境艺术设计、多媒体制作、视频合成、三维动画辅助制作和出版印刷等领域。Photoshop 是 Adobe 公司开发的图像处理软件，也是我们常用的图形图像处理软件，它拥有强大的图形图像处理功能，我们通常使用 Photoshop 完成图形图像处理的项目与任务。

应用场景

场景1：

新学期开始，各大校级社团都在热火朝天地举办迎新活动，为了展现社团的风貌和特殊性，各个社团都打印了迎新海报。海报上的图像向新生展示了社团活动室的实景、社团活动的风采，让人一目了然，可以直观地对社团的特点、特色有所了解。琳琅满目的海报仿佛让人置身于每一个社团的活动现场，帮助学生挑选最适合自己的社团。

场景2：

手机已经成为现今社会的必备工具，我们随时随地地使用手机浏览网页、在线社交、网络观影、线上办公等。互联网的迅速发展使人们不再满足于工具仅仅达到使用标准，而是希望工具在便捷好用的同时，还具有美观的外表。每一款APP都具有不同特色的皮肤，闲暇之余，大家都会互相对比，审美的逐步提升要求软件的界面设计变得更美。设计师在设计一款听歌软件时常常会思考：是用绿色和蓝色的配色更加提神清新，还是使用红色和白色更加突出主题？

场景3：

中国是世界上最早诞生文明的国家之一，在悠悠的历史长河中，我们的祖先给我们留下了许多的瑰宝，历史学家常常因为发现了古代特色文物欣喜若狂，但是很多艺术类型的文物毁损了。例如古代壁画，经过时间的流逝、风雨的冲刷，或者载体的坍塌，文物损坏或出现瑕疵。虽然实物已无法保存和参展，甚至不能触碰，但是历史学家使用现在的图形图像处理技术，对壁画的数字图像进行修复、还原及拼接，完成了壁画的复原性修复，使上千块碎片得以还原为一幅精美的壁画。从最终完成的修复壁画中可以看到，壁画线条自然、色彩鲜艳，其中所使用的绘画技法娴熟、水平高超，画面中人物面部表情生动、体态逼真，帮助我们对我国古代文化有更进一步的认识和了解。

项目2　图形图像处理

任务1　Photoshop 入门

学习内容

（1）认识界面。
（2）新建文件。
（3）打开文件。
（4）存储文件。

任务情景

小明是一家媒体类公司的技术员工，在工作时，经常接到图形图像处理任务，有时是一张海报的设计，有时是图形图像的放缩、旋转、倾斜、透视，有时是图形图像的复制、去除斑点、残损修复、调色……小明为顺利完成这些任务，根据教材中的教学步骤，开始下载并安装 Photoshop 软件，踏上了自己的图形图像处理之路。

任务分析

工欲善其事必先利其器，新建和打开文件的方法特别多，我们可以根据个人爱好和习惯选择适合的方法，但是要尽量快捷，避免将工作烦琐化。首先要掌握软件的下载安装和基础操作，下面对图形图像处理软件 Photoshop 的基本操作进行介绍。

本任务的重点是软件入门，帮助没有基础的初学者认识界面、新建文件、打开文件、存储文件等。本任务的思维导图如图 2-1 所示。

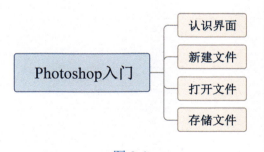

图 2-1

活动 1　新建、打开及存储文件

操作步骤

1. 新建文件

（1）在第一次启动 Photoshop 时，软件界面的布局和功能设置都是默认的（见图 2-2）。

（2）新建文件的方法有两种。一般情况下，在接触和使用软件初期，我们会选择使用菜单栏命令。打开"文件"菜单，执行"新建"命令，如图 2-3 所示。

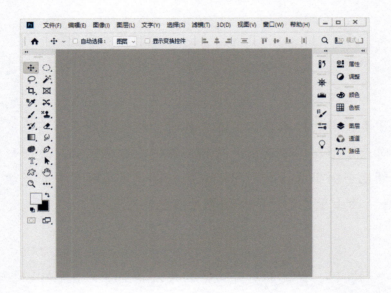

图 2-2

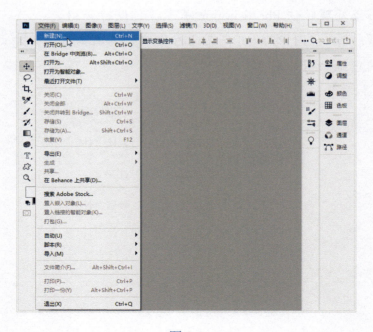

图 2-3

（3）执行"新建"命令后，我们在弹出的"新建文件"面板中设置需要的参数和属性。"新建文件"面板如图 2-4 所示。设置完成后单击"确定"按钮即可新建文件。

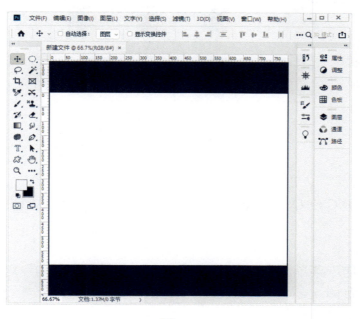

图 2-4

（4）熟练掌握 Photoshop 后，我们会更多地使用快捷键来进行文件的新建操作。启动 Photoshop 后，使用组合键 Ctrl+N，弹出"新建"对话框，进行文件的新建。

2．打开文件

使用 Photoshop 打开文件的方法有很多，我们可以根据实际情况选择最适合的方法。

（1）执行"文件→打开"菜单命令（见图 2-5），在"打开"对话框中选择文件（见图 2-6）。

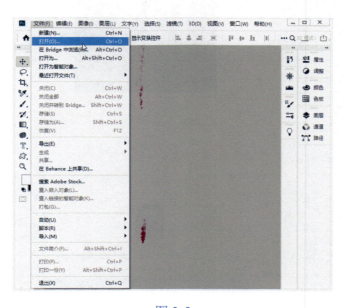

图 2-5

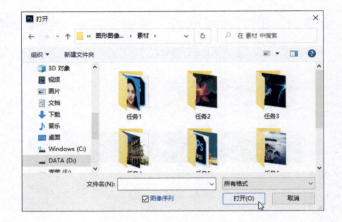

图 2-6

（2）直接按组合键 Ctrl+O（Open），在弹出的"打开"对话框中选择需要的文件。

3. 存储文件

执行"文件→存储"菜单命令（见图 2-7），在打开的"另存为"对话框中设置需要存储文件的位置和格式（见图 2-8）。

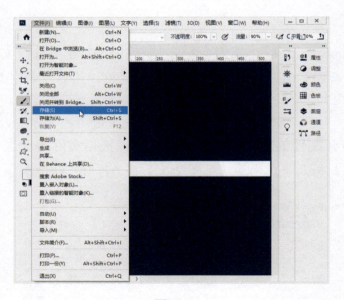

图 2-7

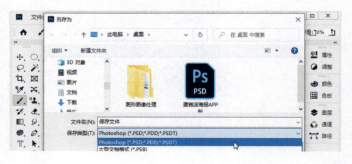

图 2-8

知识链接：图形图像的基础知识

1. 位图

位图是由像素组成的，像素的多少决定了位图的显示质量和大小。单位面积的位图包含的像素越多，分辨率越高，显示越清晰，所占的空间就越大。反之，单位面积的位图包含的像素越少，分辨率越低，显示越模糊，所占的空间也越小。在对位图进行缩放时，图像的清晰度会受到影响，当图像放大到一定程度时，会出现像锯齿一样的边缘。我们把一张位图放大 10 倍，图像的效果如图 2-9 所示。

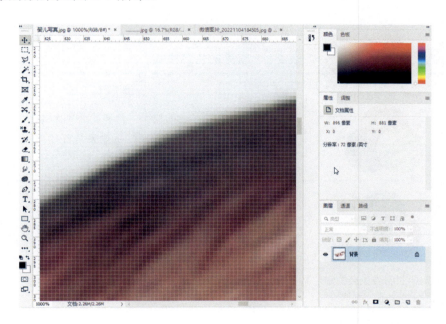

图 2-9

2. 矢量图

我们将用于描述矢量图的线段和曲线称为对象。矢量图的基本组成单位是锚点和路径。无论将矢量图放大多少倍，它的边缘都是平滑的，特别适合做 LOGO 设计和 VI 设计等（保证清晰度）。矢量图的每个对象都是独立的实体，具有颜色、形状、轮廓、大小和屏幕位置等属性，而且不会影响图中其他对象。矢量图的清晰度与分辨率无关，在对矢量图进行缩放时，图形对象仍保持原有的清晰度。我们将一张矢量图放大 100 倍，其边缘依旧清晰可见，如图 2-10 所示。

3. 色彩模式

常见的色彩模式包括 RGB 模式、CMYK 模式、Lab 模式、位图模式、灰度模式等，如表 2-1 所示。

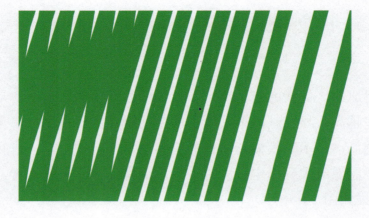

图 2-10

表 2-1 常见的色彩模式

模式	构成方法	特点	作用
RGB（默认）	以红、绿、蓝为基色的加色法混合方式，也称为屏幕显示模式	色彩显示绚丽，但显示效果与打印效果不符	用于屏幕显示
CMYK	以青、红（洋红、品红、桃红）、黄、黑为基色的四色打印模式	显示效果与打印效果基本一致	用于打印、输出
Lab	由国际照明委员会制定，具有最宽的色域，是 Photoshop 内部色彩模式。 L：色彩亮度。 a：从深绿到灰再到亮粉红色转变。 b：从亮蓝到灰再到焦黄色转变		
位图	N 位位图指具有 2 的 N 次幂种颜色的位图，1 位位图即黑白位图，由黑白两种颜色构成画面，如 16 位、32 位、64 位位图		
灰度	例如，8 位灰度图像由 256 级灰阶构成		

4. 图像文件格式

Photoshop 提供了多种图像文件格式。根据不同的需要，我们可以选择不同的文件格式保存图像。图像文件格式包括 PSD 格式、BMP 格式、PDF 格式、JPEG 格式、GIF 格式、TGA 格式、TIFF 格式、PNG 格式等。

活动2　软件界面

Photoshop 是由 Adobe 公司开发的图形图像处理和编辑软件。进入软件后，我们需要先熟悉各个区域的功能和用法，这样在后期制作时才会熟能生巧。

在默认情况下，Photoshop 的软件界面由菜单栏、工具栏、属性栏、工作区域、浮动面板组成。当使用 Photoshop 工作时，我们可以打开面板、关闭面板、为面板分组、取消面板分组、停放面板、隐藏面板及在屏幕上移动面板，通过调整面板来适应自己的工作风格或屏幕情况。ss

 操作步骤

1. 认识软件（见图 2-11）

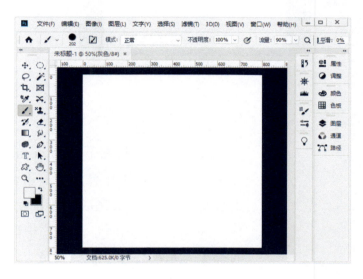

图 2-11

2. 界面组件和基本功能

（1）菜单栏。

菜单栏中包含 Photoshop 软件中的所有命令，通过这些命令可以实现对图形图像的操作，为选择者提供了 Photoshop 中所有编辑图像和控制工作界面的命令。Photoshop 菜单栏中共包含 11 个菜单选项，分别为"文件"菜单、"编辑"菜单、"图像"菜单、"图层"菜单、"文字"菜单、"选择"菜单、"滤镜"菜单、"3D"菜单、"视图"菜单、"窗口"菜单和"帮助"菜单，如图 2-12 所示。

图 2-12

当选择使用固定命令或功能时，单击选择相应的菜单选项，在展开的菜单列表中单击选择相应的命令即可。向右的黑色三角形标志表明该命令还有相应的下级关联菜单，有些菜单命令的右侧会显示其在 Photoshop 中的快捷键，如图 2-13 所示。

多媒体制作与应用

图 2-13

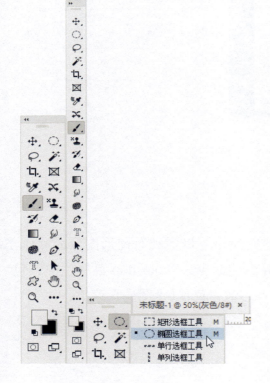

图 2-14

（2）工具栏。

在系统默认状态下，Photoshop 的工具栏位于窗口左侧，工具栏是工作界面中最重要的部分，配合工具栏的使用，几乎可以完成图形图像处理过程中的所有操作，如图 2-14 所示。工具栏中部分工具按钮右下角带有黑色三角形标记，表示这是一个工具组，其中隐藏多个子工具，长按鼠标左键或单击鼠标右键，会弹出工具组。

移动鼠标指针使其指向工具栏中的工具按钮，将会出现相应的注释，括号中的注释即该工具的快捷键。单击工具栏顶端的按钮，可以将工具栏从单栏显示切换为双栏显示。

（3）属性栏。

属性栏有时也称为选项栏。属性栏用于设置工具的属性。当用户选择不同的工具时，会有相应的工具属性设置选项。在图像处理中，可以根据需要在属性栏中设置不同的参数。设置的参数不同，得到的图像效果也不同。我们可以利用属性栏很方便地设置相应工具的各种属性。图 2-15 为选择"移动"工具时的属性栏。

图 2-15

(4) 浮动面板。

浮动面板是 Photoshop 中非常重要的一个组成部分，通过它可以选择颜色、编辑图层、新建通道、编辑路径和撤销编辑等。之所以称其为浮动面板，是因为这些面板可以根据用户的需要显示或隐藏。所有的浮动面板都可以通过"窗口"菜单打开。

Photoshop 的浮动面板（以下简称面板）有了很大的变化，执行"窗口→工作区"菜单命令，可以选择需要打开的面板。打开的面板都依附在工作区域右侧。单击面板右上方的三角形按钮可以将面板缩为图标，使用时可以直接单击所需面板按钮弹出面板。

面板可全部浮动在工作窗口中，也可根据实际需要显示或隐藏面板。用户可以根据需要将面板放置于任何位置及调整窗口中的面板组合，如图 2-16 所示。

(5) 工作区域。

图像窗口也叫作工作区域，是对图形图像进行浏览和编辑处理的主要区域。当同时打开多个文档时，文档窗口以选项卡的形式显示，如图 2-17 所示。

图 2-16

图 2-17

知识链接：属性栏的移动和编辑

执行"窗口→选项"菜单命令可显示或隐藏工具的属性栏。右击属性栏上的工具按钮，在弹出的快捷菜单中选择"复位工具"或"复位所有工具"选项，可使一个工具或所有工具恢复默认设置。

在默认情况下，属性栏处于菜单栏的下方，如果想改变它的位置，则需要拖动属性栏左侧的灰色条块，即可将其移动到窗口中的任何位置。如图 2-18 所示为移动属性栏的效果。

图 2-18

活动 3　基础操作

对 Photoshop 初学者来说，要记住"软件是用不坏的"。因此，只有勇于尝试、不断试错、反复修正，才能学得更快。

 操作步骤

1. 撤销重做

在使用"画笔"工具时，执行"编辑→还原画笔工具"菜单命令可撤销上步动作（见图 2-19），也可以按组合键 Ctrl+Z 实现撤销；执行"编辑→重做"菜单命令可实现重做，也可按组合键 Shift+Ctrl+F 实现重做。

图 2-19

2. 图像缩放

（1）平移缩放（见图 2-20）。

按快捷键 Z 打开缩放工具。

放大：在工作区域中按住鼠标左键向右平移。

缩小：在工作区域中按住鼠标左键向左平移。

当然，我们也可以通过单击操作进行放大与缩小，按 Alt 键可实现放大与缩小的切换。

（2）视图缩放（见图 2-21）。

缩小：按组合键 Ctrl + –。

放大：按组合键 Ctrl + +。

我们也可以通过执行"视图→放大"或"视图→缩小"菜单命令实现视图缩放。

图 2-20

3. 标尺及参考线设置

（1）显示标尺。按组合键 Ctrl+R 或通过菜单命令"视图→标尺"显示标尺（见图 2-22）。

（2）添加参考线。按下鼠标左键，将参考线从标尺处拖到画布内容区域合适位置即可，如图 2-23 所示。

图 2-21

图 2-22

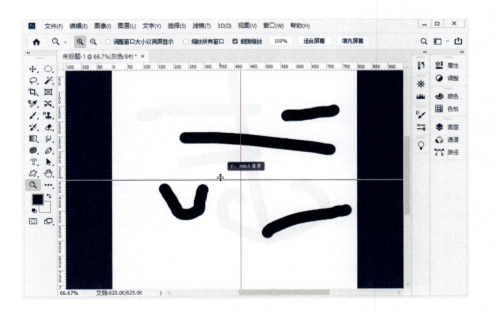

图 2-23

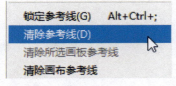

图 2-24

(3) 清除参考线。

①方法一：单击"移动工具"按钮，选中参考线并将其反向拖至标尺处。

②方法二：执行"视图→清除参考线"菜单命令（见图 2-24）。

 试一试

实践任务：新建文件并保存。

为照片"婴儿写真"创建 PSD 格式源文件，设置背景颜色为白色，具体要求如下。

（1）图像尺寸为 900 像素×885 像素。

（2）文件名称为"婴儿写真.psd"。

（3）显示标尺，并添加参考线。

可参考使用如下快捷键。

新建文件：Ctrl+N。

显示或隐藏标尺：Ctrl+R。

显示或隐藏网格：Ctrl+'。

显示或隐藏参考线：Ctrl+;。

存储文件：Ctrl+S。

知识链接：Photoshop 常用快捷键

熟练掌握软件的快捷键不仅是提高技能水平的捷径，还能够极大地提高我们的工作效率。

1. 工具栏操作快捷键（见表 2-2）

表 2-2　工具栏操作快捷键

功　　能	快　捷　键
帮助	F1
剪切	F2
拷贝（复制）	F3
粘贴	F4
隐藏/显示"画笔"面板	F5
隐藏/显示"颜色"面板	F6
隐藏/显示"图层"面板	F7
隐藏/显示"信息"面板	F8
隐藏/显示"动作"面板	F9
恢复	F12

续表

功　　能	快　捷　键
填充	Shift+F5
羽化	Shift+F6
选择→反选	Shift+F7
隐藏选定区域	Ctrl+H
取消选定区域	Ctrl+D
退出 Photoshop	Ctrl+Q
取消操作	Esc
矩形、椭圆选框工具	M
裁剪工具	C
移动工具	V
套索、多边形套索、磁性套索工具	L
魔棒工具	W
喷枪工具	J
画笔工具	B
橡皮图章、图案图章工具	S
历史记录画笔工具	Y
橡皮擦工具	E
铅笔、直线工具	N
模糊、锐化、涂抹工具	R
减淡、加深、海绵工具	O
钢笔、自由钢笔、磁性钢笔工具	P
添加锚点工具	+
删除锚点工具	-
直接选取工具	A
文字、文字蒙版、直排文字、直排文字蒙版工具	T
度量工具	U
直线渐变、径向渐变、对称渐变、角度渐变、菱形渐变工具	G
油漆桶工具	K
吸管、颜色取样器工具	I
抓手工具	H
缩放工具	Z
默认前景色和背景色工具	D
切换前景色和背景色工具	X
切换标准模式和快速蒙版模式工具	Q
标准屏幕模式、带有菜单栏的全屏模式、全屏模式工具	F
临时使用移动工具	Ctrl
临时使用吸色工具	Alt
临时使用抓手工具	空格

续表

功　能	快　捷　键
快速输入工具属性（至少有一个可调节数字）	0 至 9
循环选择画笔	[或]
选择第一个画笔	Shift+[
选择最后一个画笔	Shift+]

2. 文件操作快捷键

常用的文件操作快捷键如表 2-3 所示。

表 2-3　常用的文件操作快捷键

功　能	快　捷　键
新建图形文件	Ctrl+N
用默认设置创建新文件	Ctrl+Alt+N
打开已有的图像	Ctrl+O
打开为…	Ctrl+Alt+O
关闭当前图像	Ctrl+W
保存当前图像	Ctrl+S
另存为…	Ctrl+Shift+S
存储副本	Ctrl+Alt+S
页面设置	Ctrl+Shift+P
打印	Ctrl+P
打开"首选项"对话框	Ctrl+K
显示最后一次显示的"首选项"对话框	Alt+Ctrl+K

"首选项"对话框中的快捷键如表 2-4 所示。

表 2-4　"首选项"对话框中的快捷键

功　能	快　捷　键
设置"常规"	Ctrl+1
设置"存储文件"	Ctrl+2
设置"显示和光标"	Ctrl+3
设置"透明区域与色域"	Ctrl+4
设置"单位与标尺"	Ctrl+5
设置"参考线与网格"	Ctrl+6
设置"增效工具与暂存盘"	Ctrl+7
设置"内存与图像高速缓存"	Ctrl+8

项目 2　图形图像处理

"图层样式"对话框中的快捷键如表 2-5 所示。

表 2-5　"图层样式"对话框中的快捷键

功　能	快　捷　键
投影效果	Ctrl+1
内阴影效果	Ctrl+2
外发光效果	Ctrl+3
内发光效果	Ctrl+4
斜面和浮雕效果	Ctrl+5
应用当前所选效果并使参数可调	A

编辑操作中常用的快捷键如表 2-6 所示。

表 2-6　编辑操作中常用的快捷键

功　能	快　捷　键
还原前一步操作	Ctrl+Z
还原两步以上操作	Ctrl+Alt+Z
重做两步以上操作	Ctrl+Shift+Z
剪切选取的图像或路径	Ctrl+X 或 F2
拷贝（复制）选取的图像或路径	Ctrl+C
合并拷贝（复制）	Ctrl+Shift+C
将剪贴板的内容粘贴到当前图像中	Ctrl+V 或 F4
将剪贴板的内容粘贴到选框中	Ctrl+Shift+V
自由变换	Ctrl+T
应用自由变换（在自由变换模式下）	Enter
从中心或对称点开始变换（在自由变换模式下）	Alt
限制（在自由变换模式下）	Shift
扭曲（在自由变换模式下）	Ctrl
取消变形（在自由变换模式下）	Esc
自由变换复制的像素数据	Ctrl+Shift+T
再次变换复制的像素数据并建立一个副本	Ctrl+Shift+Alt+T
删除选框中的图案或选取的路径	Del
用背景色填充所选区域或整个图层	Ctrl+Backspace 或 Ctrl+Del
用前景色填充所选区域或整个图层	Alt+Backspace 或 Alt+Del
弹出"填充"对话框	Shift+Backspace
从历史记录中填充	Alt+Ctrl+Backspace

图层操作中常用的快捷键如表 2-7 所示。

表 2-7 图层操作中常用的快捷键

功　　能	快　捷　键
通过对话框新建一个图层	Ctrl+Shift+N
以默认选项新建一个图层	Ctrl+Alt+Shift+N
通过拷贝（复制）新建一个图层	Ctrl+J
通过剪切新建一个图层	Ctrl+Shift+J
与前一图层编组	Ctrl+G
取消编组	Ctrl+Shift+G
向下合并或合并链接图层	Ctrl+E
合并可见图层	Ctrl+Shift+E
盖印或盖印链接图层	Ctrl+Alt+E
盖印可见图层	Ctrl+Alt+Shift+E
将当前层下移一层	Ctrl+[
将当前层上移一层	Ctrl+]
将当前层移到最下面	Ctrl+Shift+[
将当前层移到最上面	Ctrl+Shift+]
激活下一个图层	Alt+[
激活上一个图层	Alt+]
激活底部图层	Shift+Alt+[
激活顶部图层	Shift+Alt+]
调整当前图层的透明度（当前工具无数字参数，如移动工具）	0 至 9
保留当前图层的透明区域（开关）	/

任务 2　制作"蛋糕店"移动端海报

学习内容

（1）移动工具。
（2）图像大小调整。
（3）套索工具。
（4）选区填充。

任务情景

小明刚入职的公司最近接了一个制作 UI（用户界面）海报设计的任务。小明需要将蛋糕店的实体海报导入蛋糕店的 APP。由于像素过大，他需要修改导入后图像的大小，并将图像被截取掉的和有瑕疵的地方处理好。

任务分析

本任务的重点是在 Photoshop 中调整图像的大小，熟悉图形图像调整的操作方法。通过本任务的学习，读者应能够熟练调整图形图像的大小和形状，将不同文件中的图形图像进行移动和整合，了解套索工具的运用和选区填充中内容识别方法的使用，会利用选区处理图像中的小瑕疵。本任务的思维导图如图 2-25 所示。

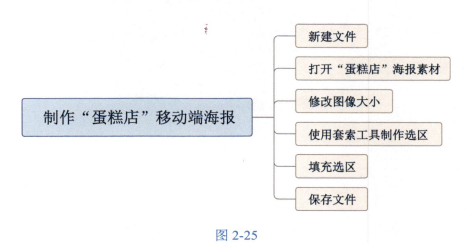

图 2-25

活动 1　新建文件和打开文件

操作步骤

（1）打开 Photoshop 软件，执行"文件→新建"菜单命令，如图 2-26 所示。

（2）命令执行后会弹出如图 2-27 所示的"新建"对话框，按组合键 Ctrl+N 也可以弹出"新建"对话框，在该对话框中进行相应设置。

（3）设置好后单击"确定"按钮，在 Photoshop 中打开"蛋糕店海报 APP 版"文件。然后，通过执行"文件→打开"菜单命令或者按组合键 Ctrl+O 弹出"打开"对话框，如图 2-28 所示。

（4）选择本活动所需的素材图片后单击"打开"按钮，使用"移动"工具将新打开的素材图片移动至"蛋糕店海报 APP 版"文件中。按住鼠标左键使用"移动"工具时，在出现移动复制的指针提示后释放鼠标，如图 2-29 所示。

（5）图片释放后，效果如图 2-30 所示。

多媒体制作与应用

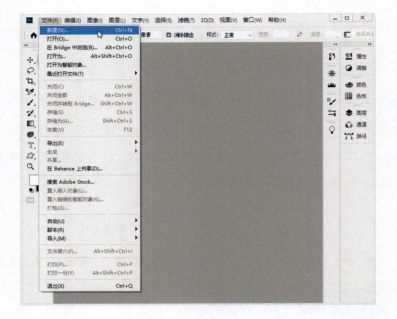

图 2-26

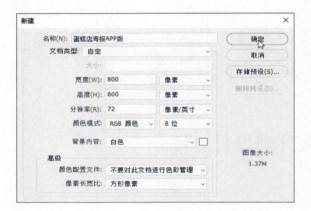

图 2-27

图 2-28

项目 2　图形图像处理

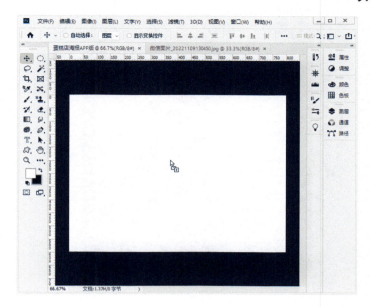

图 2-29

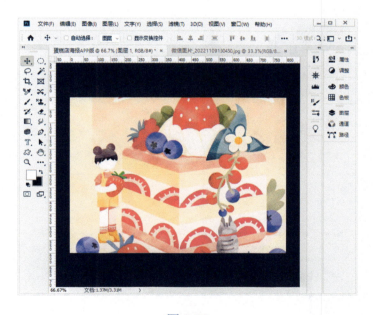

图 2-30

活动 2　图像大小的调整和移动

操作步骤

（1）因不同图像的大小不同，移动后原始图像可能显示不完全，这时需要对图像的尺寸做出调整，执行"图像→图像大小"菜单命令或按组合键 Alt+Ctrl+I，如图 2-31 所示。

（2）在弹出的"图像大小"对话框中设置参数，如图 2-32 所示。

（3）单击"确定"按钮后，使用"移动"工具调整图像位置，效果如图 2-33 所示。

图 2-31

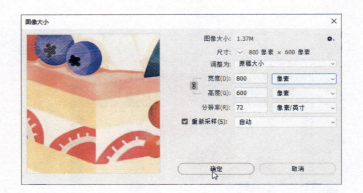

图 2-32

图 2-33

活动 3　套索工具制作选区

 操作步骤

（1）调整后，对图像加以修改，使其看起来更完整。在工具栏中选择"套索"工具，沿着想要去除的元素的边角进行绘制，如图 2-34 所示。

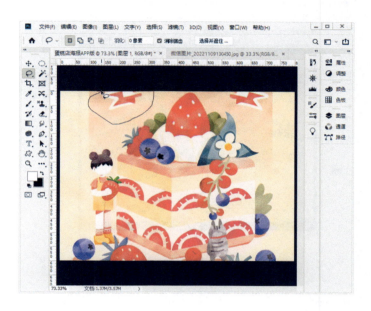

图 2-34

（2）释放鼠标后，得到如图 2-35 所示选区。

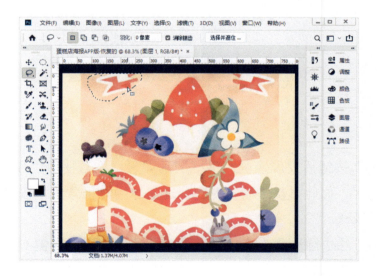

图 2-35

活动 4　选区填充——内容识别的使用

 操作步骤

（1）单击鼠标右键，在弹出的快捷菜单中选择"填充"选项，如图 2-36 所示。

图 2-36

（2）在"填充"对话框中，选择"内容识别"选项，如图 2-37 所示。

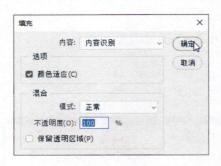

图 2-37

（3）单击"确定"按钮后发现选区内仍有杂乱像素，重复使用"套索"工具绘制选区并通过内容识别填充选区，如此重复 3 次，得到处理干净的海报背景，按组合键 Ctrl+D 取消选区，效果如图 2-38 所示。

（4）使用同样的方法去除图像右上方不需要的元素，使用快捷键 Ctrl+D 取消选区，效果如图 2-39 所示。

（5）执行"文件→存储为"菜单命令，如图 2-40 所示。

项目 2　图形图像处理

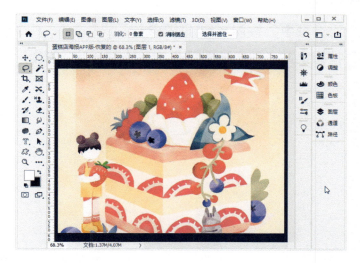

图 2-38

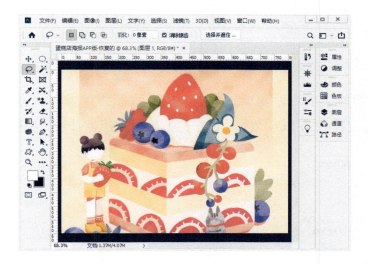

图 2-39

图 2-40

037

(6)在"另存为"对话框中,按图 2-41 设置参数。

(7)单击"保存"按钮,并在弹出的对话框中单击"确定"按钮,如图 2-42 所示。

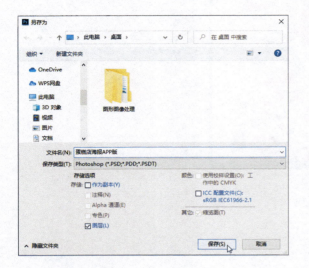

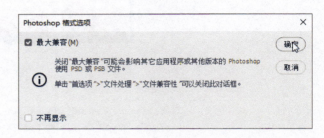

图 2-41   图 2-42

(8)因为移动端海报需要照片格式的文件,所以我们要将修改后的文件重新存储为 JPEG 格式,即将保存类型设置为 JPEG,然后单击"保存"按钮,如图 2-43 所示。

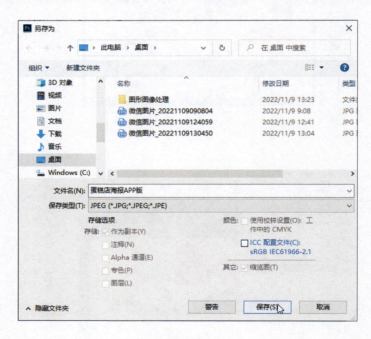

图 2-43

(9)保存完成,可以看到本任务的文件存放在桌面的指定位置处,如图 2-44 所示。

项目 2　图形图像处理

图 2-44

 试一试

打开本任务所提供的素材"苹果"文件（见图 2-45），使用"套索"工具去除右边的单个苹果，调整图像大小并保存，效果图如图 2-46 所示。

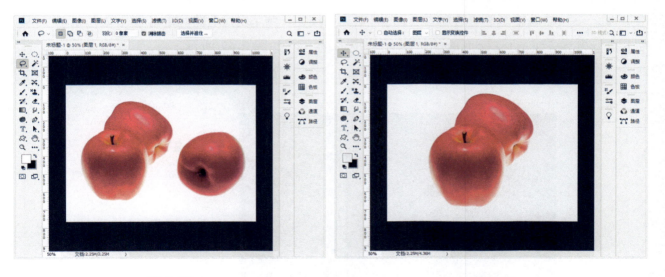

　　图 2-45　　　　　　　　　　　　　　　　图 2-46

知识链接：选区工具的基础知识和使用

1. 选区工具的基础知识

（1）选区的定义。

选区即一个选取的区域。这个区域可以是规则的，也可以是不规则的。在 Photoshop 中，选区就是用各种选择类工具选取图像的范围，选区操作是 Photoshop 中最重要的操作之一，无论是图形图像的合成还是处理和编辑，都必须把握好选区操作对图像元素的取舍。

在图像中，无论用哪种方式、工具创建出的选区，均以浮动的闭合虚线区域表示。我们通常把外围闪动的虚线称为"蚂蚁线"，"蚂蚁线"内的区域是选中的区域，可以修改和处理，"蚂蚁线"外的区域则不可以在存在选区时对其修改和处理等。

（2）选区的作用。

一是创建选区后通过填充等操作形成相应的形状图形。

二是用于选取所需的图像轮廓，以便对选取的图像进行移动、复制等编辑操作。

（3）选区的原理。

选区是封闭的区域，主要用于分离图像的一个或多个部分。选区可以是任何形状的，但一定是封闭的，不存在开放的选区。选区一旦建立，大部分的操作就只针对选区有效了。如果要针对全图操作，则必须先取消选区。

2. 选区工具的类型和用法

（1）矩形选框和椭圆选框。

矩形选框工具属于规则选取工具，用于创建矩形的选取范围，但选取的精度不高。使用矩形选框工具，可以在图像上创建一个矩形选区。该工具是区域选框工具中最基本且最常用的工具之一。单击工具栏中的"矩形选框工具"按钮，或者按 M 键，即可使用矩形选框工具，按下鼠标左键后拖动鼠标形成的范围就是矩形选区，如图 2-47 所示。

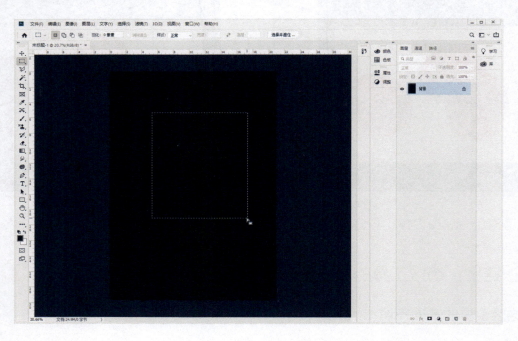

图 2-47

椭圆选框工具也属于规则选取工具，用于创建椭圆形的选取范围，创建椭圆选区的方法与矩形选区相同。

项目 2　图形图像处理

在工具栏中选择椭圆选框工具，按住鼠标左键并拖动鼠标，创建椭圆选区，若同时按住 Shift 键，则可以创建一个正圆形的选区，如图 2-48 所示。

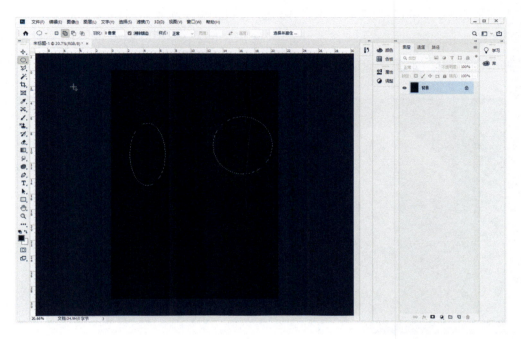

图 2-48

在工具栏中右击"矩形选框工具"按钮，在弹出的下拉列表中选择"单行选框工具"或"单列选框工具"选项后可在图像中创建相应的直线选区，此选区只有一个像素的高度或宽度，填充颜色后可以得到直线，如图 2-49 所示。

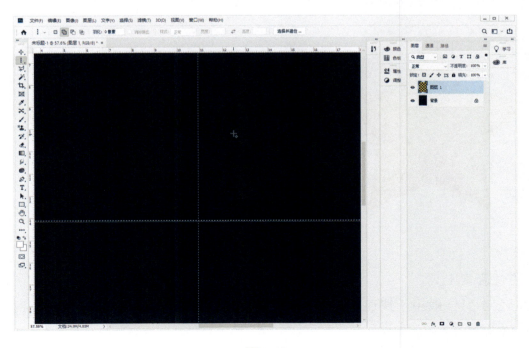

图 2-49

(2)套索工具。

套索工具常常应用于创建不规则的自由选区。在图像窗口中沿着所选元素的边缘拖动鼠标绘制即能创建选区。单击"套索工具"按钮，按住鼠标左键，拖动鼠标沿着要选择的区域进行绘制，当绘制的线条完全包括要选择的图像后，即当终点与起点重合时，释放鼠标左键，这时可得到一个选区，如图2-50所示。

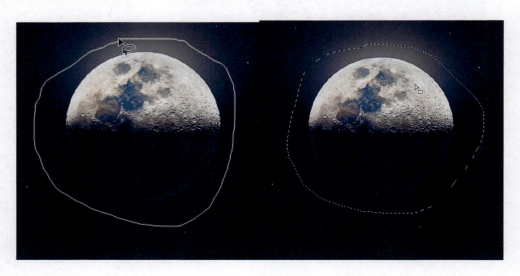

图2-50

(3)多边形套索工具。

多边形套索工具一般用于创建多边形选区。在图像中，沿需要选取的元素边缘拖动鼠标，当终点与起点重合时即可创建选区，如图2-51所示。

图2-51

(4)磁性套索工具。

磁性套索工具一般用于快速选择与背景对比强烈且边缘复杂的对象，可沿着对象的边缘创建选区，如图2-52所示。

项目 2　图形图像处理

图 2-52

任务 3　制作证件照

学习内容

（1）图片的裁剪和调整。
（2）图层的复制。
（3）标尺的使用。

任务情景

小明的公司需要提交电子版证件照，由公司集体打印冲洗。由于去照相馆拍照比较麻烦，小明决定使用 Photoshop 制作，既省时又省力。

任务分析

本任务要求我们学会使用选区进行图形图像的调整，会自由调整图像大小，并进行复制、旋转复制等操作。在制作证件照时，合理理解和运用图层相关知识，可以更快捷地使用软件进行图形图像的处理和修改。同时，图层拆分得清晰在后期调整时会更容易。本任务的思维导图如图 2-53 所示。

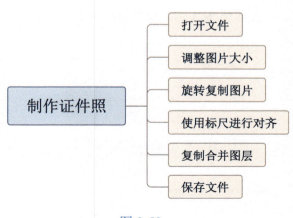

图 2-53

活动 1　裁剪照片

操作步骤

1. 打开文件

执行"文件→打开"菜单命令，或者按组合键 Ctrl+O 打开"证件照"素材文件，如图 2-54 所示。

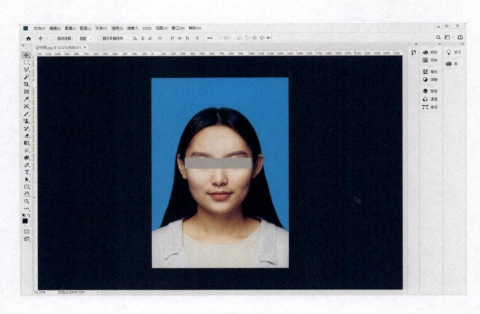

图 2-54

2. 裁剪制作 1 寸彩色证件照

单击工具栏中的"裁剪工具"按钮，在上方的工具属性栏中设置裁剪 1 寸照片的预定义尺寸为 2∶3（4∶6），如图 2-55 所示。设置好参数后，在裁剪区域内双击确认裁剪。至此，一张规格为 1 寸的彩色证件照就完成了。

图 2-55

活动 2　新建文件并建立标尺

操作步骤

（1）执行"文件→新建"菜单命令新建文件，尺寸及参数如图 2-56 所示。

项目 2　图形图像处理

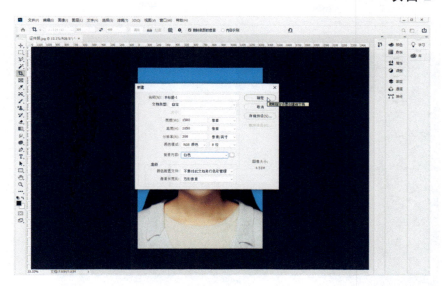

图 2-56

（2）设置好参数后单击"确定"按钮。执行"视图→标尺"菜单命令，或者直接按组合键 Ctrl+R，显示出标尺，工作区域的上方和左方分别出现了水平标尺和垂直标尺。在标尺上单击鼠标右键即可更改标尺的单位，将标尺单位设置为厘米，如图 2-57 所示。

图 2-57

（3）按住鼠标左键从水平标尺上拖曳两条参考线，分别拖至垂直标尺的 4.2 厘米和 4.6 厘米处释放鼠标左键，再从垂直标尺上拖曳两条参考线，分别在水平标尺的 0.5 厘米和 3.5 厘米处释放鼠标左键，如图 2-58 所示。

（4）单击工具栏中的"移动工具"按钮，使用"移动"工具将上个文件中制作好的 1 寸证件照拖至新建文件的相应参考线位置，固定好第一张照片，如图 2-59 所示。

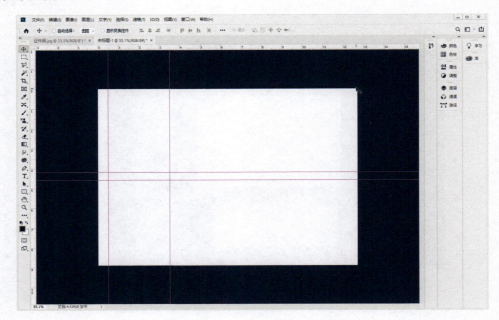

图 2-58

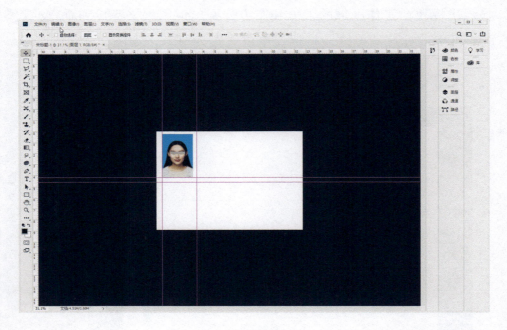

图 2-59

活动 3　旋转复制和合并图层

 操作步骤

（1）将 1 寸证件照进行复制，按组合键 Ctrl+Alt+T 进行自由变换，拖动 1 寸证件照到如图 2-60 所示的位置后释放，实现照片的移动复制。

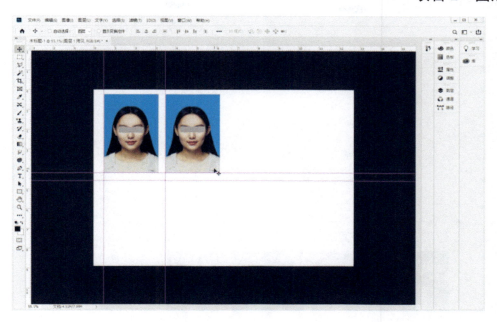

图 2-60

（2）按 Enter 键确定变换，然后按组合键 Ctrl+Alt+Shift+T 两次进行复制变换，实现照片的复制和粘贴，如图 2-61 所示。

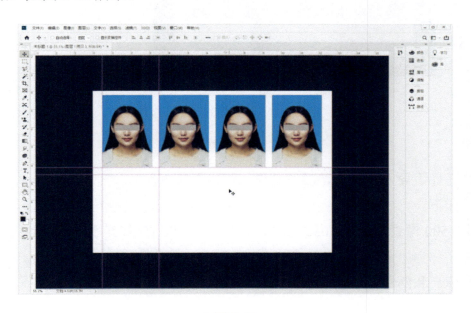

图 2-61

（3）选择"图层"面板中的"图层 1 拷贝 3"选项，执行"图层→向下合并"菜单命令，或者按组合键 Ctrl+E，将 4 个证件照图层逐一合并为"图层 1"，如图 2-62 所示。

（4）单击"移动工具"按钮，然后按组合键 Alt+Shift 拖动上排证件照，复制照片至下方参考线位置处，如图 2-63 所示。保存文件并命名为"1 寸彩色证件照"，格式为 JPEG。

图 2-62

图 2-63

试一试

将自己的证件照导入计算机,尝试制作一版电子证件照。

具体要求如下。

(1) 宽为 1500 像素,高为 1050 像素,分辨率为 300 像素/英寸。背景颜色为白色。

(2) 文件名称为"证件照.psd"。

(3) 显示标尺和网格,并新建参考线。

知识链接:图层的基础应用

1. 调整图层顺序

在"图层"面板中,图层是自上而下叠放的,上层的图像将覆盖在下层的图像上方。要调整图层顺序,只需在"图层"面板中选中需要调整位置的图层选项,将其拖动到指定位置处并释放鼠标左键即可。

2. 隐藏图层

单击要隐藏的图层左边的"隐藏"按钮（眼睛图标）即可隐藏该图层，此时该图层中的内容不可见。若在按住 Alt 键的同时在"图层"面板中单击某图层的"隐藏"按钮，则可以隐藏该图层之外的所有图层。

3. 锁定与解锁图层

在编辑图像时，为避免某些图层上的图像受到影响，可选中这些图层，然后单击"图层"面板中的 4 种锁定按钮之一将其锁定，如图 2-64 所示。

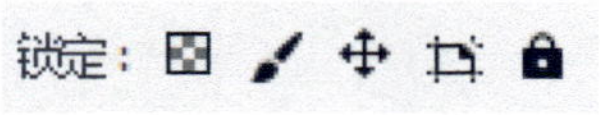

图 2-64

如果要取消对某一图层的锁定，则可在选中该图层后，在"图层"面板中单击释放相应图层的锁定按钮即可。

4. 链接图层

在编辑图像时，可以将多个图层链接在一起，以便同时对这些图层中的图像进行移动、变形、缩放和对齐等操作。首先选中要链接的多个图层，然后单击"图层"面板底部的链接按钮 ∞。如果某个图层与背景图层链接，则将无法移动任何一个链接图层中的图像。要取消链接，则可以选中链接图层，然后单击"图层"面板底部的"链接图层"按钮 ∞。

不仅如此，链接图层还有"一改全改"的特性，即修改一个元素，场景中的所有相同元素都会被修改，这使得制作效率大大提高，给动画制作带来了极大的方便。

任务 4　制作夏荷"水滴"

学习内容

（1）绘图工具。
（2）图层面板。
（3）图层样式。

任务情景

小明公司最近接到了一个摄影爱好者的订单。摄影师在拍摄"夏荷"照片时，由于天气原因对所拍摄的照片不是很满意，想要在花瓣上添加水滴，展现出夏日荷花的生动美感，并

多媒体制作与应用

增加画面的层次感。

📚 任务分析

我们可以使用绘图工具在荷花瓣上绘制水滴，要求水滴形状自然、大小合适、填充为白色，利用"图层"面板为水滴图层添加图层样式，使其透明化，让水滴看起来更加晶莹剔透、更加逼真。本任务的思维导图如图 2-65 所示。

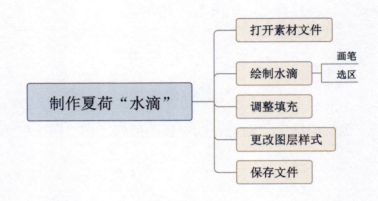

图 2-65

活动 1　绘制水滴

🔬 操作步骤

1. 打开文件

启动 Photoshop，打开"夏荷.jpg"文件，如图 2-66 所示。

2. 在花瓣上绘制水滴

（1）单击"快速选择工具"按钮，在工具属性栏中设置选区相加状态，如图 2-67 所示。

（2）沿着荷花进行绘制，选择整朵荷花为选区，如图 2-68 所示。

（3）选区绘制完成后，使用组合键 Ctrl+C、Ctrl+V 复制、粘贴选区中的荷花，并按组合键 Ctrl+T 进行自由变换，将荷花缩小至合适的大小，右击选区，在弹出的快捷菜单中选择"水平翻转"选项，如图 2-69 所示。

（4）将荷花调整完成后，新建图层，在工具栏中单击"套索工具"按钮，在花瓣上绘制一滴水滴，如图 2-70 所示。

项目 2　图形图像处理

图 2-66

图 2-67

图 2-68

图 2-69

图 2-70

活动 2　参数调整

 操作步骤

（1）水滴选区绘制完成后，将其填充为白色，在"图层"面板中将填充设置为 0%，如图 2-71 所示。

图 2-71

（2）双击"图层 3"选项，在弹出的"图层样式"对话框中勾选"斜面和浮雕""投影"复选框，并按图 2-72 调节参数。

（3）单击"确定"按钮后，将文件保存至桌面，命名为"夏荷"，存储为 JPEG 格式。效果图如图 2-73 所示。

项目2　图形图像处理

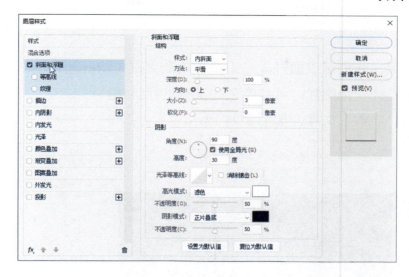

（a）斜面和浮雕

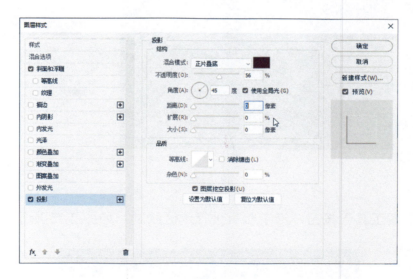

（b）投影

图 2-72

图 2-73

多媒体制作与应用

 试一试

随着科技的发展，我们可以通过人造卫星领略到太空中的壮观景色。下面以自己的"太空梦想"为主题，设计一张图片。可参考下列步骤进行尝试。

(1) 打开素材"宇宙"文件，如图 2-74 所示。

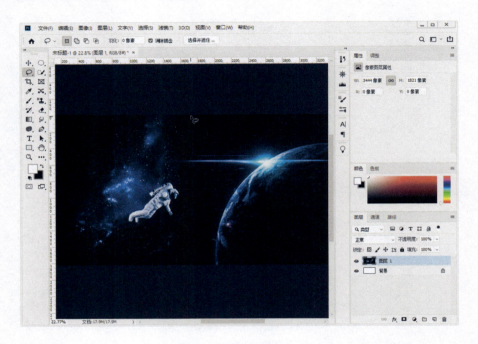

图 2-74

(2) 单击"套索工具"按钮，沿宇航员进行选区绘制，如图 2-75 所示。

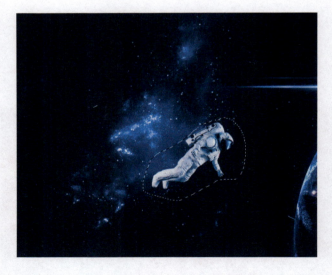

图 2-75

(3) 单击鼠标右键，在弹出的快捷菜单中选择"填充"选项，如图 2-76 所示。

项目 2　图形图像处理

图 2-76

（4）在"填充"对话框中，选择"内容识别"选项，如图 2-77 所示。

（5）单击"确定"按钮，效果如图 2-78 所示。

（6）使用文字工具输入"PHOTOSHOP"，按图 2-79 调整文字的字体及大小。

（7）在"图层"面板上，将"图层混合模式"设置为"柔光"，如图 2-80 所示。

（8）按组合键 Ctrl+T 将宇航员自由变换并移动至如图 2-81 所示的位置。

（9）将宇航员图层的"图层混合模式"调整为"浅色"，效果如图 2-82 所示。

（10）将文件保存在桌面上，命名为"太空梦想"，格式为 JPEG 格式。

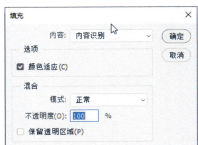

图 2-77

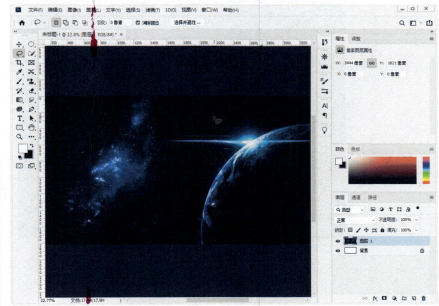

图 2-78

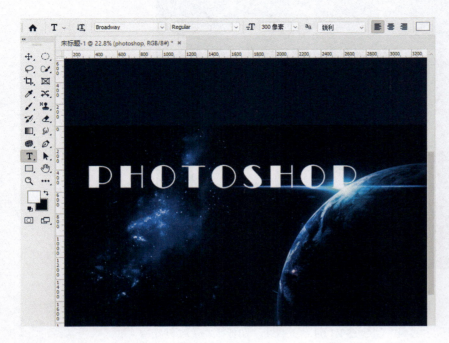

图 2-79　　　　　　　　　　　　　　　图 2-80

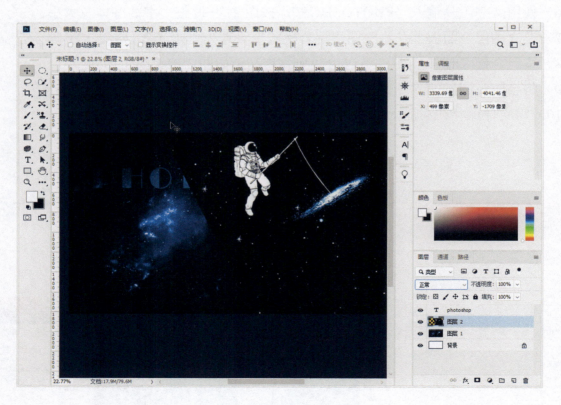

图 2-81

项目 2　图形图像处理

图 2-82

知识链接：图层的基础知识和魔棒、快速选择工具

1. 背景图层的特点与创建

新建的文件或不包含其他图层信息的图像，通常只有一个图层，那就是背景图层。背景图层的特点如下。

（1）背景图层永远在最下层。

（2）在背景图层上可用画笔、图章、渐变、油漆桶等绘画和修饰工具进行绘画。

（3）在背景图层中不能添加图层样式和剪贴蒙版。

（4）背景图层中不能包含透明区。

2. 普通图层的特点与创建

普通图层是指包含位图图像的图层，要创建普通图层可执行如下任何一个操作。

（1）单击"图层"面板底部的"创建新图层"按钮，此时将创建一个完全透明的空图层（见图 2-83）。

（2）执行"图层→新建→图层"菜单命令，或者按组合键 Shift+Ctrl+N，都可以创建新图层。此时系统将打开"新建图层"对话框，可在其中设置图层名称、基本颜色、不透明度和色彩混合模式。

（3）在剪贴板上复制一张图片后，执行"编辑→粘贴"菜单命令也可以创建普通图层。

（4）将背景图层转换为普通图层。在 Photoshop 中，我们无法直接对背景图层旋转、缩放、调整不透明度、设置色彩混合模式，但我们可以将其转换为普通图层，具体方法如下。

图 2-83

多媒体制作与应用

双击背景图层选项，弹出"新建图层"对话框，如图 2-84 所示。

单击"确定"按钮后，我们会发现背景图层转换为"图层 0"，如图 2-85 所示。

图 2-84　　　　　　　　　　　　　　　图 2-85

（5）执行"通过拷贝的图层"命令创建图层。执行"图层→新建→通过拷贝的图层"菜单命令，对选中的图层进行复制，在"图层"面板中生成一个新图层，快捷键为 Ctrl+J，如图 2-86 所示。

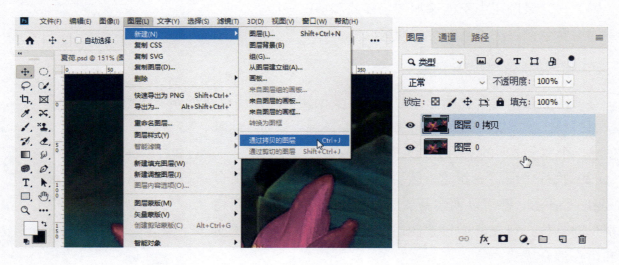

图 2-86

3. 删除图层

对于一些不需要的图层，我们通常会将其删除。删除图层时，我们可以直接按 Delete 键将选中的图层删除，也可以将图层拖至"图层"面板右下角的"垃圾桶"标志处进行删除，如图 2-87 所示。

项目 2　图形图像处理

图 2-87

在 Photoshop 中，对图层的操作和管理主要通过"图层"面板和"图层"菜单来完成。"图层"面板中各部分的作用如图 2-88 所示。

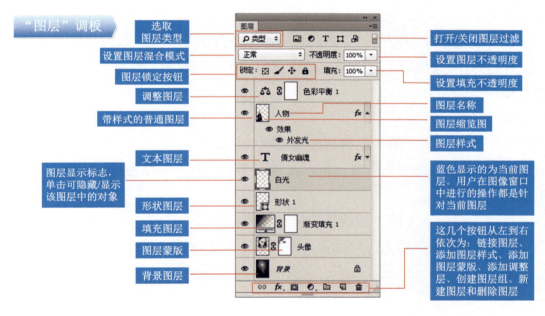

图 2-88

4. 选择图层

（1）要对某个图层中的图像进行编辑操作，首先要选中该图层。用户还可以同时选中多个图层，以方便对它们进行统一移动、变换、编组等操作。

（2）在"图层"面板中单击某个图层可选中该图层，将其设置为当前图层。

（3）若要选择多个连续的图层，则可在按住 Shift 键的同时单击首尾两个图层。

（4）若要选择多个不连续的图层，则可在按住 Ctrl 键的同时依次单击要选择的图层。注意：按住 Ctrl 键单击时不要单击图层缩览图，否则将载入该图层的选区。

（5）若要选择所有图层（背景图层除外），则执行"选择→所有图层"菜单命令。

（6）若要选择所有与当前图层类似的图层，如选择当前图像中的所有文字图层，则可以先选中一个文字图层，然后执行"选择→相似图层"菜单命令。

5. 合并图层

选择需要合并的图层后，单击"图层"面板右上角的"扩展"按钮，在弹出的快捷菜单中可以选择"向下合并""合并可见图层""拼合图像"选项进行相应的合并。如果选择的是图层组，则在弹出的快捷菜单中会显示"合并图层组"选项。

6. 盖印图层

盖印图层就是在原有图层的基础上盖印一个新的图层，和合并图层类似，但是盖印图层比合并图层更方便，因为盖印图层不会影响原有图层，便于图像效果的修改。

7. 填充图层

（1）纯色填充。

单击"图层"面板下方的"创建新的填充或调整图层"按钮，在弹出的快捷菜单中选择"纯色"选项，打开"拾色器"对话框，对填充的颜色进行设置，然后单击"确定"按钮，添加纯色填充图层。

（2）渐变填充。

单击"图层"面板下方的"创建新的填充或调整图层"按钮，在弹出的快捷菜单中选择"渐变"选项，打开"渐变填充"对话框，在该对话框中对渐变颜色进行设置。

（3）图案填充。

单击"图层"面板下方的"创建新的填充或调整图层"按钮，在弹出的快捷菜单中选择"图案"选项，打开"图案填充"对话框，在该对话框中对图案样式进行设置。

8. 调整图层

（1）调整图层与普通图层的区别。

调整图层具有图层的灵活性与优点，可以在调整的过程中根据需要为调整图层增加蒙版，以屏蔽对某些区域图像的调整，或者调整不透明度以降低所调整图层的调整程度等。

（2）调整图层与调整命令区别。

使用调整图层编辑图像不会对图像造成破坏。用户可以尝试不同的设置并随时可以对调整图层进行修改，还可以通过对调整图层的混合模式与不透明度的设置，改变图像的效果。

（3）"调整"面板。

"调整"面板使调整图层命令更集中化。

9. 魔棒工具和快速选择工具

（1）魔棒工具。

魔棒工具用于选择图像中颜色相似的不规则区域,在属性栏中可以根据图像的情况来设置参数,以便能够准确地选取需要的选区。选取效果如图 2-89 所示。

图 2-89

(2)快速选择工具 。

在快速选择工具有新选区、添加到选区、从选区减去 3 种选取方式,可通过属性栏进行设置,如图 2-90 所示。

图 2-90

任务 5　制作"颜色校正"的数码照片

学习内容

(1)色阶图表。
(2)曲线图表。
(3)色相/饱和度图表。

任务情景

小明之前在制作摄影照片时,发现有很多电子数码照片的色彩有问题:有的曝光不足,有的亮度不够,有的对比度有问题,还有的颜色失真了。于是他决定钻研色彩知识,利用 Photoshop 将图像的颜色进行校正。

任务分析

本任务要求我们学会使用色阶、曲线和色相/饱和度等命令,并学会通过色阶和曲线等对话框查看图像色彩是否正确,以及使用色彩调整命令调节图像的色彩。本任务的思维导图如

图 2-91 所示。

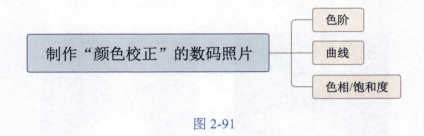

图 2-91

活动 1 曝光效果的调整

操作步骤

（1）执行"文件→打开→曝光不足"菜单命令或按组合键 Ctrl+O 打开"曝光不足"素材文件（见图 2-92）。

图 2-92

（2）执行"图像→调整→色阶"菜单命令打开"色阶"对话框，如图 2-93 所示。

（3）拖动"色阶"对话框中"输入色阶"显示区域最右端的三角滑块向左调整，照片亮度增强，拖动中间的三角滑块向左调整，增强中间调的亮度，照片的颜色适当后色阶参数如图 2-94 所示。

（4）单击"确定"按钮完成调整，效果如图 2-95 所示。

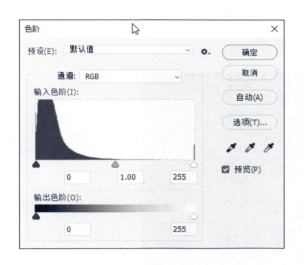 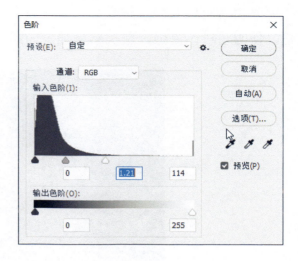

图 2-93　　　　　　　　　　　　　图 2-94

图 2-95

活动 2　对比度不足的调整

操作步骤

（1）执行"文件→打开→对比度不足"菜单命令或按组合键 **Ctrl+O** 打开 "对比度不足"素材文件（见图 2-96）。

（2）执行"图像→调整→曲线"菜单命令，打开"曲线"对话框，如图 2-97 所示。

（3）当我们在曲线上单击时，会在单击位置处添加一个锚点。当拖动锚点调高曲线时，照片亮度变亮，如图 2-98 所示。当拖动锚点调低曲线时，照片亮度变暗，如图 2-99 所示。

调整明暗对比效果。将亮部曲线（右上锚点）向上调整，将暗部曲线（左下锚点）向下调整，使明暗对比更强，层次感更强，如图 2-100 所示。

图 2-96

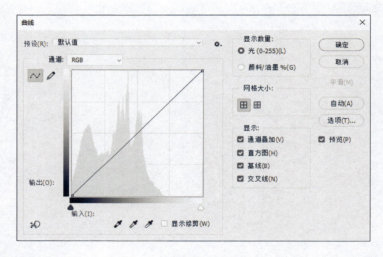

图 2-97

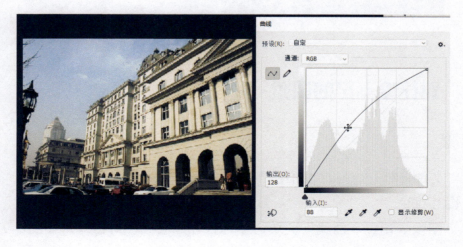

图 2-98

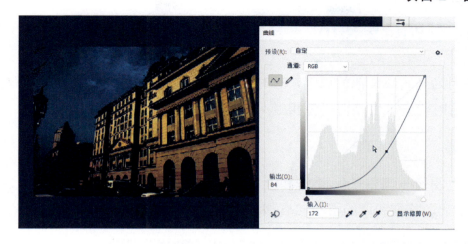

图 2-99

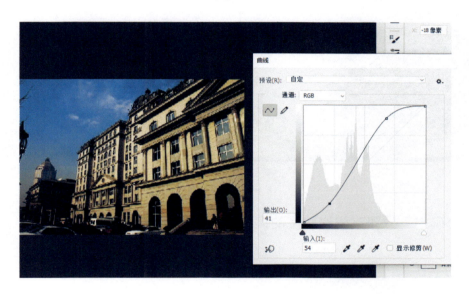

图 2-100

(4) 调整好后单击"确定"按钮完成调整,效果如图 2-101 所示。

图 2-101

活动3 让照片更出色

在拍照时因为光线或其他的原因，有时拍出来的照片颜色较暗不够鲜亮，与实物颜色有一定的差别，这时我们可以使用"色相/饱和度"工具来调整颜色的浓淡。

 操作步骤

（1）执行"图像→调整→色相/饱和度"菜单命令，打开"色相/饱和度"对话框，如图2-102所示，拖动调整饱和度的滑块向右移动，增加照片的饱和度。

图 2-102

（2）单击"确定"按钮完成饱和度的调整，效果如图2-103所示。

图 2-103

色相的调整会改变图片的颜色，在颜色真实的情况下不建议调整色相值。

通过"色相/饱和度"命令可以对图像进行整体的色相、饱和度和明度的调整。利用选区也可以对图像局部进行调整，达到修饰局部的目的。

项目 2 图形图像处理

试一试

根据本任务的案例演示，尝试自己发现素材图片的不足（见图 2-104），并使用合适的工具进行修改和校正，有时候也需要共同使用多个色彩校正工具。快来试一试吧！

（a）原图

（b）校正后

图 2-104

知识链接：色彩调整和色阶

1. 色彩调整

色彩的调整是 Photoshop 的主要特色之一，可实现对图像的色相、饱和度、亮度、对比度等的调整，校正图像中色彩不如意的部分。在执行"图像→调整"菜单命令时弹出的下拉菜单中，我们可以根据需要选择色彩调整方法。

（1）色阶：调整图像的明暗程度，功能上比亮度/对比度完善。

(2) 色彩平衡：对图像的色调进行校正。

(3) 亮度/对比度：调整图像的明暗程度。

(4) 色相/饱和度：调整图像的色彩及其鲜艳程度，还可以调整图像的明暗程度。

(5) 去色：去掉颜色，变成灰色图像。

(6) 替换颜色：用吸管工具选择图像中的局部颜色进行替换。

(7) 反相：使图像颜色变为互补色。

(8) 照片滤镜：给图像加不同的滤镜效果。

(9) 变化：通过单击缩览图的方式，方便地调整图像的色彩平衡、对比度和饱和度。

2. 色阶

色阶表示图像中像素从暗到亮的分布情况，即各个层级中像素的分布数量。使用 Photoshop 的色阶工具可以调整图片的亮度。亮度的概念如果以色彩来表示的话如图 2-105 所示，黑色最暗，白色最亮。

图 2-106 是图 2-105 的色阶图，从色阶图中可以看到横轴从左到右用 0~255（256 级）表示从黑到白的变化过程，纵轴表示对应横轴 256 级亮度的像素数量。

图 2-105

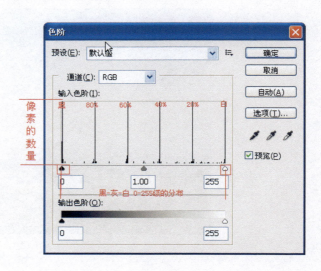

图 2-106

我们通过 4 张曝光效果不同的照片来看色阶图，如图 2-107 所示。

图像的色彩丰满度和精细度是由色阶决定的。色阶指亮度，和颜色无关，但最亮的只有白色，最暗的只有黑色。色阶是根据每个亮度值（0～255）包含的像素点数量来划分的，最暗的像素点在左边，最亮的像素点在右边。"输入色阶"区域用于显示当前的数值，可用其来增加图像的对比度；"输出色阶"区域用于显示将要输出的数值，可用其来降低图像的对比度。

项目 2　图形图像处理

图 2-107

任务 6　制作"夏日上新"海报

学习内容

（1）素材背景的去除。
（2）文字的设计。
（3）色彩的调整。

多媒体制作与应用

🎬 任务情景

小明的公司最近接到一个订单，奶茶店要求制作一幅"夏日上新"海报进行产品宣传，要求色彩鲜明、主题突出、元素活泼有趣，这可把只会处理图像的小明难为坏了，于是他决定好好学习版式和文字工具，以保障订单的顺利完成。

📚 任务分析

本任务要求我们使用各种图形创造工具和文字工具，以合理的色彩搭配及合适的文字样式来完成综合项目"夏日上新"海报的设计。本任务的思维导图如图 2-108 所示。

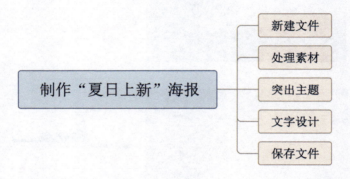

图 2-108

活动 1　设置背景色

🔬 操作步骤

1. 新建文件

按组合键 Ctrl+N，在打开的"新建"对话框中设置文件参数，具体如图 2-109 所示。

2. 获得渐变工具

单击工具栏中的"渐变工具"按钮获得渐变工具，然后单击属性栏中的渐变列表框如图 2-110 所示。

3. 设置渐变

（1）单击"渐变编辑器"面板中的由黑到白渐变选项，如图 2-111 所示。

（2）单击渐变色条下最左侧的色标，如图 2-112 所示。

（3）单击颜色列表框（见图 2-113），在打开的"拾色器"对话框中编辑最左侧的色标颜色（见图 2-114）。

（4）按照图 2-114 设置色标颜色参数，设置完成后单击"确定"按钮。

项目2 图形图像处理

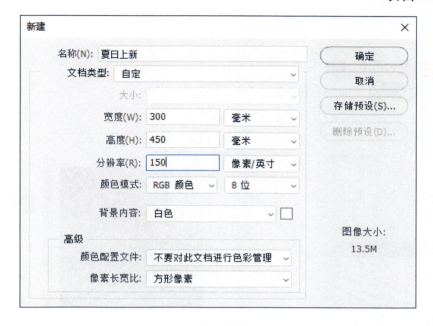

图 2-109

图 2-110

图 2-111

图 2-112

图 2-113

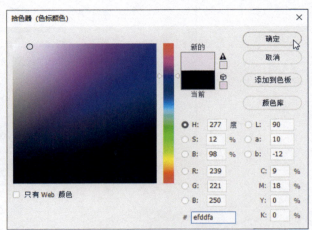

图 2-114

（5）按照同样的方法设置右侧色标，参数如图 2-115 所示。

（6）单击"确定"按钮后，使用渐变工具并在画布中拖动鼠标，获得颜色渐变的背景，如图 2-116 所示。

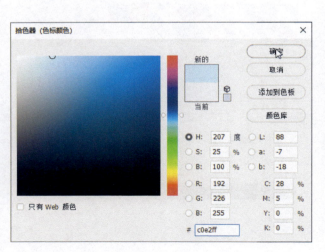

图 2-115

图 2-116

活动2　置入素材文件

操作步骤

（1）打开素材"网格"文件，将其拖至新建画布上，并不断调整，直到移动到合适的位置，如图2-117所示。

（2）单击前景色图标，按图2-118设置前景色参数。

（3）单击"自定形状工具"按钮，在属性栏中选择"椭圆"选项，新建图层，在底部绘制"云彩"，如图2-119所示。

（4）置入素材。

①打开素材"饮料"图像，将其拖至背景图像上的合适位置后释放鼠标左键，效果如图2-120所示。

②使用"魔棒"工具，单击"饮料"素材上的黑色背景，创建背景选区，按Delete键删除，得到去除背景的"饮料"素材。调整素材大小和位置，如图2-121所示。

（5）按照同样的方法，分别去除"桃子"和"樱花"素材中的背景，去除后效果如图2-122所示。

（6）使用相同的方法，制作出另一层"云彩"，将其放置在饮料、樱花、水蜜桃图层下方，图层不透明度调整为70%，效果如图2-123所示。

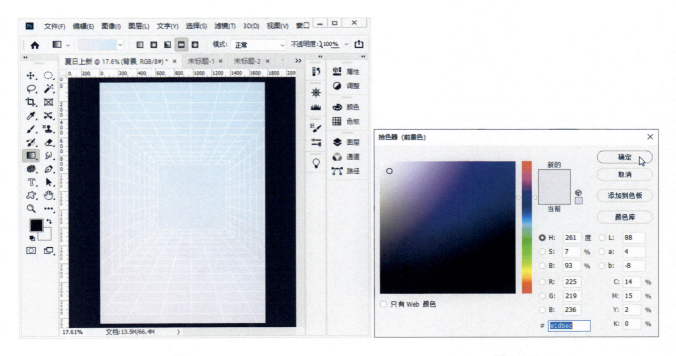

图2-117　　　　　　　　　　　　图2-118

多媒体制作与应用

图 2-119

图 2-120

图 2-121

图 2-122

项目 2　图形图像处理

图 2-123

活动 3　制作文字部分

 操作步骤

（1）在画面左上方位置使用横排文字工具，输入"夏日上新"（字体为黑体，大小为 48 点），并设置图层样式，如图 2-124 所示。

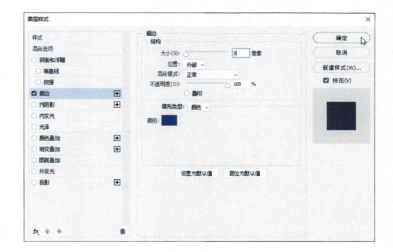

图 2-124

075

（2）单击"确定"按钮后，右击文本图层，在弹出的快捷菜单中选择"栅格化文字"选项，如图 2-125 所示。

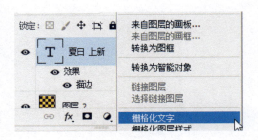

图 2-125

（3）将文字栅格化后，文本图层转换为普通图层，按 Ctrl 键的同时单击图层选项前方的缩览图载入选区，如图 2-126 所示。

（4）单击"渐变工具"按钮，打开"渐变编辑器"面板，如图 2-127 所示。

图 2-126　　　　　　　　　　　　　　　图 2-127

（5）对图 2-127 中的色标参数进行设置，如图 2-128 所示。

（6）在文字选区内，使用渐变色进行填充，如图 2-129 所示。

（7）将文字图层"夏日上新"进行复制，填充为白色，变换大小，做出白色投影效果，如图 2-130 所示。

（8）利用文字工具，制作出如图 2-131 所示的文字效果并保存文件。

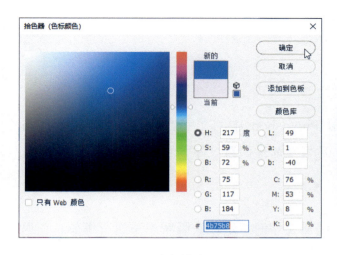
（a）左侧色标

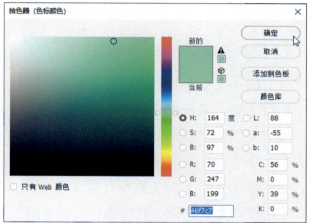
（b）右侧色标

图 2-128

图 2-129　　　　　　　　图 2-130　　　　　　　　图 2-131

 试一试

根据本任务的案例演示，尝试根据所给素材设计并制作"立春"海报。

知识链接：文字工具的应用

1. 文字工具的选择

（1）横排文字工具和直排文字工具。

利用文字工具可以在图像中添加文字。使用 Photoshop 中的文字工具输入文字的方法与在一般应用程序中输入文字的方法一致。按 T 键即可选择横排文字工具，按组合键 Shift+T 能够在文字工具之间切换。

（2）横排文字蒙版工具和直排文字蒙版工具。

使用横排文字蒙版工具和直排文字蒙版工具编辑文字时，是在蒙版状态下进行编辑，在退出蒙版后，被输入的文字以选区的形式显示，在前景色中设置颜色能够对文字选区进行填充。

图 2-132

2. "字符"面板

在字符面板中可以进行各项参数的设置，如图 2-132 所示。

3. 文字工具

文字工具有 4 种：横排文字工具、直排文字工具、横排文字蒙版工具、直排文字蒙版工具。

4. 文字属性设置

文字属性有字体、字号、修饰、颜色、变形、对齐方式等。

设置字间距时，需要先选中文字，按 Alt+方向键调整。

使用文字工具编辑文字时，所编辑区域的文字是进行整体处理的。

选择使用文字工具时，会自动产生文字图层。

对文字进行图像处理时，必须执行"图层→栅格化"菜单命令。

5. 文字与路径的结合选择

（1）沿着路径输入文字。

绘制一个路径，如图 2-133 所示。

打开"字符"面板，设置字符参数，如图 2-134 所示。在路径上输入文字，效果如图 2-135 所示。

（2）移动或变换路径文字。

在路径文字输入完成后，可以结合移动工具与自由变换命令对路径文字进行旋转或变换。

项目2 图形图像处理

图 2-133

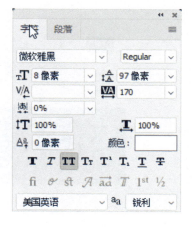

图 2-134

图 2-135

（3）建立文字工作路径。

在图像中输入文字后，执行"图层→文字→创建工作路径"菜单命令建立文字工作路径，结合路径编辑工具调整文字的形状。

6. 创建变形文字

在图像窗口中输入文字后，通常会对文字进行变形处理，执行"文字→文字变形"菜单命令即能弹出"变形文字"对话框，在该对话框中可根据需要对文字设置不同的变形效果。

输入文字"PHOTOSHOP"如图 2-136 所示。

PHOTOSHOP

图 2-136

单击"创建文字变形"按钮，在"变形文字"对话框中将样式设置为"旗帜"，如图 2-137

所示。

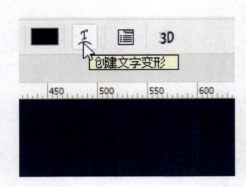
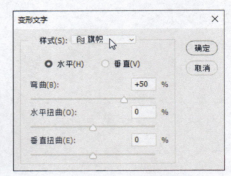

图 2-137

单击"确定"按钮,文字变形效果如图 2-138 所示。

PHOTOSHOP

图 2-138

7. 段落文字

(1)"段落"面板。

当图像上需输入较多文字时,可以采用"段落"面板对文字进行调整,如对段落文字进行左右缩进和段首缩进,以及在段前和段后添加空白等。

(2)设置段落文字对齐方式。

在文字属性栏中可以对文字进行居左、居中、居右设置,而在"段落"面板中,可以根据需要对文字进行"左对齐文本""居中对齐文本""右对齐文本""最后一行左对齐""最后一行居中对齐""最后一行右对齐""全部对齐"设置。

任务 7　制作"太空小狗"爱宠萌照

学习内容

(1)图层蒙版。
(2)图层通道。
(3)通道的计算和涂抹。

项目 2　图形图像处理

任务情景

小明的公司最近接到一个萌宠公司的宣传海报制作任务。该公司要求制作小狗在太空中的照片，要求小狗毛发清晰。这可让只会传统抠图方法的小明头大。于是他开始钻研高级的细节抠图方法。

任务分析

本任务需要运用蒙版和通道进行图形图像的合成和背景的去除。在抠图时，我们使用的工具往往比较传统。想要获得清晰的毛发细节等，就需要运用到通道计算等命令了。本任务思维导图如图 2-139 所示。

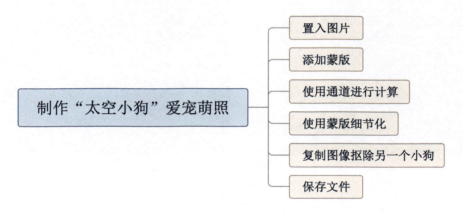

图 2-139

操作步骤

（1）执行"文件→打开→两只小狗"菜单命令或按组合键 Ctrl+O 打开"两只小狗"素材文件，调整图层顺序，如图 2-140 所示。

图 2-140

(2)进入"通道"面板,如图 2-141 所示。然后选择蓝色通道,将其拖到"创建新通道"按钮上,从而复制出"蓝 拷贝"通道。

(3)通道中白色的区域为选区,黑色的区域不是选区,灰色的区域为渐隐渐现的选区。下面利用"色阶"命令将图像中的灰色区域去除。方法:执行菜单命令"图像→调整→色阶",在弹出的"色阶"对话框中设置参数,如图 2-142 所示。

图 2-141

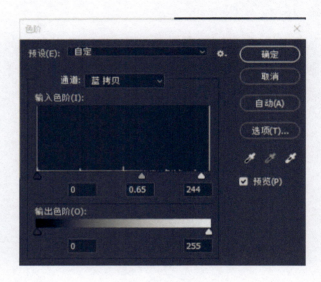

图 2-142

(4)单击"确定"按钮,结果如图 2-143 所示。

(5)按 Ctrl 键的同时单击通道,然后按组合键 Ctrl+Shift+I 进行反选。

(6)回到原图,按组合键 Ctrl+J 复制两层图层,删除一个背景图,回到原图层建立蒙版,单击蒙版进入蒙版。

(7)在蒙版的基础上用黑色笔刷擦除多余的边,进行细化。

(8)回到原图,此时照片修改完毕,如图 2-144 所示。

图 2-143

图 2-144

项目 2　图形图像处理

知识链接：蒙版的基础操作

1. 利用绘图工具编辑图层蒙版

利用绘图工具编辑图层蒙版是最常用的一种蒙版编辑方法。绘图工具操作相对灵活，根据所选择的画笔的不同，编辑的蒙版效果也会不同（见图 2-145）。

2. 利用渐变工具编辑图层蒙版

图层蒙版创建完成后，单击蒙版缩览图，可以通过选区工具对蒙版图像创建选区，使用油漆桶工具将选区填充为黑色，对选区内的图像进行隐藏，如果选区填充为白色则显示被隐藏的图像内容，如果选区填充为灰色就会使选区内的图像渐隐。设置后图像效果如图 2-146 所示。

（a）底层图像

（b）当前图像

（c）画笔工具涂抹蒙版效果

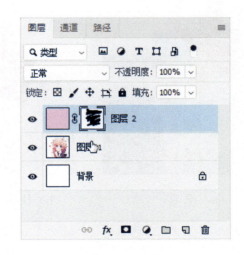

（d）蒙版状态

图 2-145

图 2-146

3. 快速蒙版

（1）快速蒙版的作用。

快速蒙版主要用于对图像选区的创建、抠取，可以将任何选区作为蒙版进行编辑。

（2）利用快速蒙版创建选区。

单击工具栏下方的"以快速蒙版模式编辑"按钮即可进入快速蒙版，使用绘图工具可以对图像进行涂抹，默认状态下涂抹颜色为半透明的红色，涂抹完成后单击工具栏下方的"以标准模式编辑"按钮，将涂抹的区域转换为选区。

（3）利用快速蒙版抠取图像。

图 2-147 是利用快速蒙版抠取图像的一个示例。

  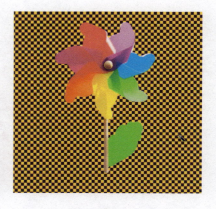

（a）原图　　　　　　　（b）快速蒙版下进行涂抹　　　　　　（c）抠取图像的效果

图 2-147

4. 矢量蒙版

矢量蒙版不会因放大或缩小操作而影响清晰度。图层与矢量蒙版之间有一个链接图标，其能将图层与蒙版链接在一起，便于对图层与蒙版进行编辑。单击该链接图标将其隐藏时，图层与蒙版分开，可以单独对图层与蒙版进行移动、变换操作。矢量蒙版具有以下特征。

（1）移动性。

将图层与矢量蒙版进行链接，可以将它们一起移动。但是如果取消链接，就可以对图层与蒙版进行单独移动了。

（2）变换性。

矢量蒙版中的路径可以进行随意的变换，在变换的过程中与图层和蒙版的链接有很大关系。在链接图层与矢量蒙版的图像中都没有显示出路径的情况下，执行变换操作时图层与矢量蒙版的路径一起变换。

5. 剪贴蒙版

（1）创建方法。

方法 1：按住 Alt 键，将鼠标指针放在"图层"面板中分隔两个图层的线上，光标变成两个交叉的图形，然后单击，创建剪贴蒙版图层。

方法 2：选中内容图层，执行"图层→创建剪贴蒙版"命令，创建剪贴蒙版。

方法 3：选中内容图层，单击"图层"面板右上角的扩展按钮，在弹出的扩展菜单中选择"创建剪贴蒙版"选项，建立剪贴蒙版图层。

方法 4：按下快捷键 Ctrl+Alt+G 创建剪贴蒙版。

（2）基本操作。

①释放剪贴蒙版。

在"图层"面板中选择剪贴蒙版中的内容图层，执行"图层→释放剪贴蒙版"菜单命令，可以将剪贴蒙版释放为普通图层。

②有选择地释放剪贴蒙版图层。

在"图层"面板中添加了多个剪贴蒙版后，需要将部分剪贴蒙版进行释放，可以在按 Ctrl 键的同时对需要释放的剪贴蒙版进行选择，然后单击"图层"面板右上角的"扩展"按钮，在弹出的快捷菜单中选择"释放剪贴蒙版"选项，释放剪贴蒙版。

③设置剪贴蒙版混合模式。

在剪贴蒙版中设置混合模式取决于基层。当对基层进行混合模式设置时，内容图层会受到基层混合模式的影响。当对内容图层进行混合模式设置时，基层为"正常"模式，也能使两个图层之间产生混合效果。

（3）作用。

剪贴蒙版包括两个或两个以上的图层，剪贴蒙版中内容图层作用于基层的基础上，根据基层的图像对内容图层产生约束，隐藏或显示内容图层图像。图 2-148 为运用剪贴蒙版的一个示例。

（a）基层图像

（b）当前图像

（c）创建剪贴蒙版

（d）剪贴蒙版状态

图 2-148

 试一试

参考图 2-149，选择素材，结合蒙版工具，自由发挥，进行创意海报设计。

（a）

图 2-149

(b)

图 2-149（续）

课后习题

1. Photoshop 文件的新建方式有哪几种？
2. 如何设置前景色和背景色？
3. Photoshop 中选区工具有哪几种？
4. 选区工具常见的属性有哪些？
5. Photoshop 中图层的种类有哪些？
6. 如何复制指定图层？
7. Photoshop 中如何载入已有选区？
8. 如何停用图层样式？
9. 如何检查一张数码照片在拍摄后是否存在异常？
10. 如何在不影响其他图层的情况下修改色阶等选项？
11. 如何设置文字样式？
12. 如何在制作路径文字时选择将文字输入在路径外侧或内侧？
13. 如何将图案或像素填充至文字形状内？
14. 创建"图层蒙版"后，图层蒙版中可以使用其他颜色吗？
15. 如何编辑"剪贴蒙版"？
16. 在编辑通道时，都可以使用哪些工具？

项目 3　音频制作

　　声音，是人类生活中的重要部分。

　　在生活中，如果没有了声音，那么世界将变得沉闷寂静，失去活力；在多媒体作品中，如果没有了声音，那么这个作品会失去对人的吸引力，会被丢弃到一边，无人理睬。

　　从物理学的角度讲，声音由物体振动产生，是通过介质传播并能被人或动物的听觉器官所感知的波动现象。

　　音频是多媒体作品中非常重要的元素。音频制作不仅是一种利用数字化手段对声音进行录制、存储、编辑、播放的技术，还是随着信息技术、多媒体技术的高速发展而形成的一种全新的声音处理手段。

　　音频制作的主要应用领域是数字影音作品录制和后期制作。

应用场景

场景1：音乐影片（Music Video）

音乐影片（Music Video，MV），也被称作"音画""音乐视频""音乐短片""音乐录像""音乐录影带"。

KTV或有卡拉OK设备的场所通常会提供大量的音乐影片，在制作这些音乐影片时，视频与音频一般分开录制，录制好的音频在经过专业处理后会与视频整合到一起。

场景2：带有音效的PPT演示文档

PPT（PowerPoint）是当今被广泛地运用于各种交流活动的视觉辅助工具，如教学、产品展示等。在使用PPT进行演示时，为了渲染现场气氛，我们可以添加背景音乐。添加了音效的PPT演示文档，会使演示氛围变得轻松、活泼。

场景3：混音（Audio Mixing）

在各类音频作品中，音源往往不是单一的，美妙的音乐是根据艺术创作规则对若干元素进行巧妙的组合得到的，这种制作就是混音。

用于混音的音频可能来自乐器、人、自然界、其他音频，通过编辑，它们将变得分明而协调，一起构成美妙的音乐。

混音是权衡的艺术，从事混音工作的人需要提升音乐审美，否则无法制作出令人信服的作品。

任务 1 获取音频

学习内容

（1）从资源网站中获取音频。
（2）使用计算机的应用程序下载音频。
（3）使用手机 APP 下载音频。
（4）使用手机录音。
（5）使用计算机录制麦克风的声音。
（6）通过文字制作音频。
（7）音频格式转换。

任务情景

小明是一家媒体技术公司的技术员工，在工作中经常接到制作音频的任务，客户的要求也各不相同：有的客户提供音频，需要小明在此基础上进行编辑；有的客户没有提供音频，甚至只提供了文字信息，需要小明自己制作。小明作为媒体技术从业人员，要求自己必须熟练掌握获取音频的各种方法。

任务分析

获取音频的方法特别多，我们可以根据个人爱好和习惯选择合适的方法，但是要注意获取音频的方法要合法、格式要符合要求，也要清楚存储在什么位置。本任务的思维导图如图3-1所示。

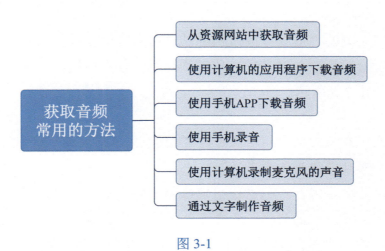

图 3-1

活动1　从资源网站中获取音频

获取音频的最常用方法是直接从互联网上下载。

因为互联网上存在一些不良网站，所以建议在经常上网的设备上安装用于网络防护的安全软件，以避免受到不良网站的侵害。

下载音频可以使用专门的软件，也可以直接使用浏览器。

操作步骤

（1）打开搜索引擎，此处使用百度，输入网址，搜索关键字"音频资源下载"，可以看到，互联网上提供音频资源的网站很多，如图3-2所示。

（2）根据个人需求打开一个提供音频资源的网站，如图3-3所示。

图 3-2

图 3-3

①在导航栏中可以看到，网站提供的资源非常丰富，在此查看"昆虫"种类中"蟋蟀"的音频，如图3-4所示。

②单击音频选项左侧的"播放"按钮就可以对音频进行播放了。

③确认下载哪个音频后，单击音频选项右侧的"下载"按钮，在弹出的信息框中，选择下载音频的格式，如图3-5所示。

提示：

可以看到，下载此音频需要网站所认可的"铜币"，不同网站"赚取"铜币的方式不同。当然，我们也可以在网站内搜索免费资源。

互联网上的资源非常丰富，我们在使用网络资源时，应该对那些上传者心怀感恩之情。同时，我们也应该利用所学知识创作一些资源，上传到互联网上供他人使用。

（3）如图3-6所示，音频下载完成，即我们成功从资源网站中获取了音频。

项目 3 音频制作

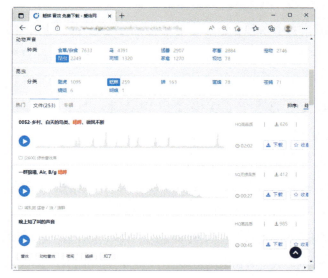
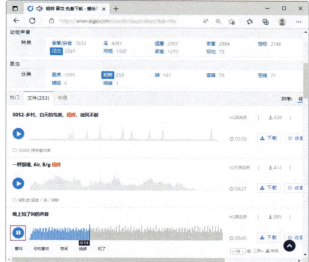

图 3-4

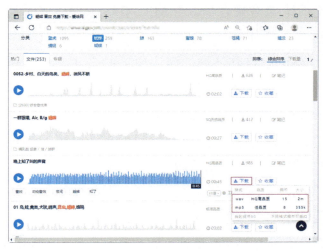
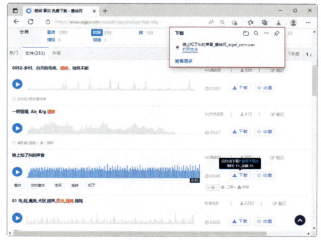

图 3-5　　　　　　　　　　　　　　　　　图 3-6

 试一试

在网上搜索"掌声"并下载相应的音频。

📚 **知识链接：常见的音频格式及特点**

常见的音频格式有 CD、WAV、MP3、MIDI、WMA、APE、FLAC，以及 RA、RM 和 RMX 等。

● CD 格式：CD 格式是当今世界上音质最好的音频格式，CD 音轨可以说是近似无损的。
● WAV 格式：WAV 格式是 Microsoft 公司开发的一种声音文件格式。WAV 格式的声音文件质量和 CD 格式相差无几。

- MP3 格式：所谓 MP3，指的是 MPEG 标准中的音频部分，也就是 MPEG 音频层。根据压缩质量和编码处理的不同，MPEG 音频可分为 3 层，分别对应".mp1"".mp2"".mp3"这 3 种声音文件。MPEG 音频文件的压缩是一种有损压缩，相同长度的音频文件用 MP3 格式来储存所占空间一般只有 WAV 格式的 1/10，而音质要次于 CD 格式和 WAV 格式。
- MIDI 格式：MIDI 文件并不是一段录制好的声音，而是通过所记录的声音信息告诉声卡如何再现音乐的一组指令，这样一个 MIDI 文件每存 1 分钟的音乐只用 5～10KB，重放的效果完全依赖于声卡的档次。MIDI 格式的最大用处是计算机作曲。MIDI 文件可以用作曲软件写出，也可以通过声卡的 MIDI 接口把外接音序器演奏的乐曲输入计算机获得。
- WMA 格式：WMA 格式是当今最具实力的音频格式，音质要强于 MP3 格式，更远胜于 RA 格式，支持音频流（Stream）技术，适合在线播放。Windows 操作系统和 Windows Media Player 的完美搭配，使我们只要安装了 Windows 操作系统，就可以直接播放 WMA 音乐，音质可与 CD 格式媲美。
- APE 格式：APE 格式是流行的数字音乐无损压缩格式之一。与 MP3 有损压缩格式不可逆转地删除数据以缩减源文件体积不同，APE 这类无损压缩格式以更精练的记录方式来缩减体积，也就是说将音频文件压缩成 APE 格式后，还可以将其还原，而还原后的音频文件与压缩前的一模一样，没有任何损失，而且 APE 文件的大小大约为 CD 格式的一半。
- FLAC 格式：FLAC 即 Free Lossless Audio Codec 的缩写形式，中文可以解释为无损音频压缩编码，是一套著名的自由音频压缩编码，其特点是无损压缩。不同于其他有损压缩编码（如 MP3），它不会破坏任何原有的音频资讯，因而可以还原音质。
- RA、RM 和 RMX 等格式：适合在线欣赏音乐的文件格式主要有 RA、RM 和 RMX 等，这些音频格式的特点是可以随网络带宽的不同而改变声音的质量。

目前，市面上存在一些私有音频格式，如酷狗音乐的 KGM 格式、QQ 音乐的 OGG 格式、网易云音乐的 NCM 格式、喜马拉雅的 XM 格式等。

活动 2　使用计算机的应用程序下载音频

计算机中用于在线播放的音乐软件特别多（见图 3-7），而且功能越来越丰富。

使用专业的音乐软件来听歌或下载是非常方便的。

操作步骤

以"网易云音乐"应用程序为例，下载音频的步骤如下。

项目 3　音频制作

图 3-7

1. 安装"网易云音乐"应用程序

（1）在"网易云音乐"官方网站中下载安装程序后，打开安装文件，根据提示完成安装，如图 3-8 所示。

图 3-8

（2）安装完成后，可以看到"网易云音乐"界面如图 3-9 所示。

提示：

可以下载音频的音乐软件非常多，本任务使用的是"网易云音乐"。大家可以尝试通过浏览器下载其他音乐软件，如酷狗音乐、QQ 音乐、百度音乐等。

2. 用户登录

通过"扫码登录"等方式登录"网易云音乐"，如图 3-10 所示。

提示：

如果没有注册"网易云音乐"，则可以按照要求进行注册。在注册时，尽量不要泄露个人身份证号等信息，并保存好密码。

多媒体制作与应用

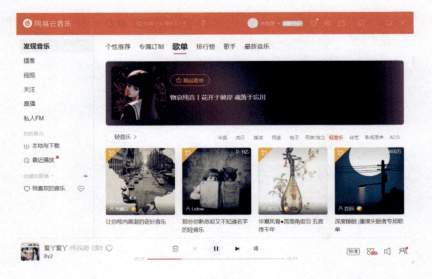

图 3-9

图 3-10

3. 搜索音乐

在"网易云音乐"界面上方的搜索框中输入音乐名称并进行搜索,如图 3-11 所示。

4. 下载音乐

(1) 在搜索结果列表中,可以看到每首音乐的信息,包括音乐标题、歌手、专辑、时长、热度等。每首音乐在"音乐标题"前都有一个下载按钮 ⬇,单击该按钮即可进行下载,如图 3-12 所示。

(2) 新建歌单保存音乐或将音乐保存到已有歌单中,如图 3-13 所示。

(3) 下载完成后,"音乐标题"前的下载按钮变成 ✓,如图 3-14 所示。

项目 3　音频制作

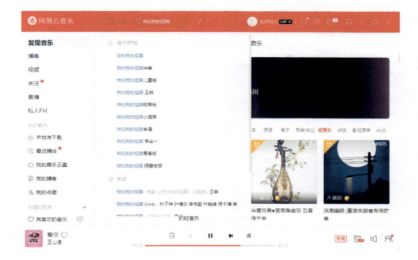

图 3-11

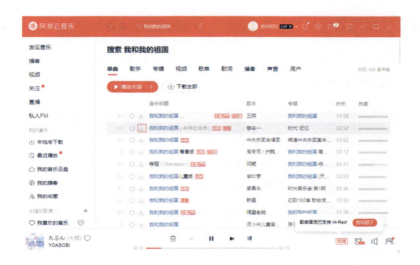

图 3-12

图 3-13

多媒体制作与应用

图 3-14

5. 查看音频的存储位置

（1）在音乐下载完成后，右击所下载音乐的信息行，在弹出的快捷菜单中选择"打开文件所在目录"命令，如图 3-15 所示。

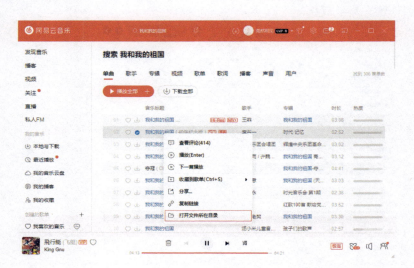

图 3-15

（2）音频的存储位置如图 3-16 所示，我们可以根据需要更改它的位置。

图 3-16

至此,使用"网易云音乐"应用程序下载音频的操作完成。

试一试

使用计算机中已有的应用程序下载歌曲《我的中国心》。

知识链接:音乐著作权

音乐著作权是指音乐作品的创作者对其作品依法享有的权利,主要包括音乐作品的表演权、复制权、广播权、网络传输权等财产权利和署名权、保护作品完整权等精神权利。

那么,下载歌曲会不会侵犯著作权呢?

判断是否侵权要看当事人的下载途径,比如通过正规网站下载就不侵犯著作权。根据《中华人民共和国著作权法》,有下列侵权行为的,应当根据情况,承担停止侵害、消除影响、赔礼道歉、赔偿损失等民事责任;侵权行为同时损害公共利益的,由主管著作权的部门责令停止侵权行为,予以警告,没收违法所得,没收、无害化销毁处理侵权复制品以及主要用于制作侵权复制品的材料、工具、设备等,违法经营额五万元以上的,可以并处违法经营额一倍以上五倍以下的罚款;没有违法经营额、违法经营额难以计算或者不足五万元的,可以并处二十五万元以下的罚款;构成犯罪的,依法追究刑事责任:

(1)未经著作权人许可,复制、发行、表演、放映、广播、汇编、通过信息网络向公众传播其作品的,本法另有规定的除外;

(2)出版他人享有专有出版权的图书的;

(3)未经表演者许可,复制、发行录有其表演的录音录像制品,或者通过信息网络向公众传播其表演的,本法另有规定的除外;

(4)未经录音录像制作者许可,复制、发行、通过信息网络向公众传播其制作的录音录像制品的,本法另有规定的除外;

(5)未经许可,播放、复制或者通过信息网络向公众传播广播、电视的,本法另有规定的除外;

(6)未经著作权人或者与著作权有关的权利人许可,故意避开或者破坏技术措施的,故意制造、进口或者向他人提供主要用于避开、破坏技术措施的装置或者部件的,或者故意为他人避开或者破坏技术措施提供技术服务的,法律、行政法规另有规定的除外;

(7)未经著作权人或者与著作权有关的权利人许可,故意删除或者改变作品、版式设计、表演、录音录像制品或者广播、电视上的权利管理信息的,知道或者应当知道作品、版式设计、表演、录音录像制品或者广播、电视上的权利管理信息未经许可被删除或者改变,仍然向公众提供的,法律、行政法规另有规定的除外;

(8)制作、出售假冒他人署名的作品的。

凡是喜欢音乐的人,特别是需要下载音乐的人,都应该熟知相关法律,无条件遵守法律规定，做一个守法公民，尊重版权，维护音乐创作的良好环境。

活动 3　使用手机 APP 下载音频

使用手机听音乐是很多人的爱好。很多手机自带的音乐 APP 既可以听音乐，又可以下载音乐。

 操作步骤

以华为手机为例，下载音频的步骤如下。

1. 打开 APP

在手机桌面上找到"音乐"APP 图标，如图 3-17 所示，单击打开。

提示：
第一次打开该 APP 时可以进行偏好设置。

2. 搜索音乐

在 APP 界面上方的搜索框中输入音乐名称。

3. 下载音乐

（1）在搜索结果列表中选择要下载的音乐，单击所选音乐项右侧的"："按钮，弹出如图 3-18 所示的菜单，选择"会员下载"命令。

提示：
如果没有开通会员，则需要开通，如图 3-19 所示。

（2）在"请选择下载品质"对话框中选择音乐品质，然后单击"下载"按钮，如图 3-20 所示。

（3）下载完成后，"下载"界面如图 3-21 所示。

4. 查看音频的存储位置。

（1）单击所下载音乐项右侧的"："按钮，弹出歌曲信息如图 3-22 所示。

提示：
在此记住音频的存储路径，此类应用程序一般可以设置文件存储位置。

（2）打开"文件管理"APP。

（3）在"浏览"界面中单击"我的手机"选项，如图 3-23 所示。

（4）按照路径找到音频的存储位置，如图 3-24 所示。

至此，使用手机 APP 下载音频的任务完成。

项目 3 音频制作

图 3-17

图 3-18

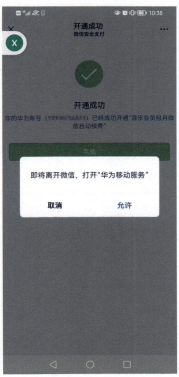

图 3-19

101

多媒体制作与应用

图 3-20

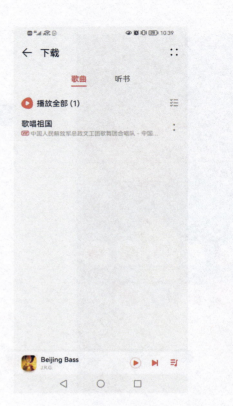

图 3-21

图 3-22

图 3-23

图 3-24

项目 3　音频制作

试一试

使用手机上的 APP 下载一首自己喜欢的歌曲，并找到其在手机中的存储位置。

知识链接：手机 APP

APP 是应用程序英文 Application 的简写形式。

手机 APP 主要指手机应用程序，一个应用程序通常是指能够执行某种功能的软件程序。例如，音乐播放程序、文字处理程序、通信程序、网络浏览器程序等。

安装在智能手机上的应用程序，弥补了原始系统的不足，完善了手机功能，是丰富用户体验的主要工具。

手机 APP 的运行需要相应的操作系统，市场上常用的手机操作系统有 iOS、Android（安卓）、HarmonyOS（鸿蒙）、Symbian OS 和 Windows Phone。

活动 4　使用手机录音

在手机高度普及的今天，手机在我们日常生活和工作中所扮演的角色愈发重要。对于绝大多数普通人而言，手机已成为不可或缺的消费类电子产品。

数十年来，硬件、软件、移动通信和网络技术的飞跃式发展使得手机功能越来越齐全，性能越来越卓越，早已从早年间简单的通信工具，蜕变为如今的社交、娱乐、拍摄、移动办公和学习工具。

几乎所有手机都有录音功能，安卓手机的录音方法一般有两种。一种是利用系统自带的录音功能，另一种是利用具有录音功能的 APP（在应用商店中搜索并安装）。

操作步骤

以华为手机为例，利用系统自带的录音功能进行录音的操作步骤如下。

1. 打开录音机工具

在"实用工具"菜单中找到"录音机"图标，单击打开录音机，如图 3-25 所示。

2. 录制音频

（1）在打开的"录音机"界面中，有已经存在的录音文件列表，下方有个带实心圆（红色）图案的按钮●，这就是"录音"按钮，如图 3-26 所示。

（2）单击"录音"按钮●，开始录音后，原来的"录音"按钮变成"停止录音"按钮■，如图 3-27 所示。

提示：

录音时，如果没有专业的录音室，那么尽可能地找一个安静的场所，并且在录制时调整好嘴与话筒的距离，呼吸平静后开始录制。

（3）录制完成后，单击"停止录音"按钮 ■ ，这时录制的音频已经被保存，名称一般以日期开头。

图 3-25　　　　　　　　　图 3-26　　　　　　　　　图 3-27

3. 重命名音频

（1）选中已录制的音频文件，单击下方的"更多"按钮，在弹出的菜单中选择"重命名"命令，如图 3-28 所示。

（2）输入规范的文件名称，以方便后续查找，如图 3-29 所示。

4. 查看音频的存储位置

（1）选中已录制的音频文件，单击"更多"按钮，在弹出的菜单中选择"详情"命令，记住"详情"提示框中的路径，如图 3-30 所示。

（2）如图 3-31 所示，在"实用工具"菜单中找到"文件管理"图标并单击。

（3）在"浏览"界面中单击"我的手机"选项，如图 3-32 所示。

（4）按照路径找到对应的音频，如图 3-33 所示。

至此，使用手机录音的任务完成。

项目 3　音频制作

图 3-28　　　　　　　　　　　图 3-29

图 3-30

多媒体制作与应用

图 3-31

图 3-32

图 3-33

试一试

使用手机录制自己朗诵的《沁园春·雪》，内容如下。

北国风光，千里冰封，万里雪飘。

望长城内外，惟余莽莽；大河上下，顿失滔滔。

山舞银蛇，原驰蜡象，欲与天公试比高。

须晴日，看红装素裹，分外妖娆。

江山如此多娇，引无数英雄竞折腰。

惜秦皇汉武，略输文采；唐宗宋祖，稍逊风骚。

一代天骄，成吉思汗，只识弯弓射大雕。

俱往矣，数风流人物，还看今朝。

知识链接：使用手机录制高品质音频的技巧

1. 调整嘴与手机话筒的距离

智能手机的麦克风集成在设备中，也因此降低了它们的灵敏度。为了取得更好的录音效果，我们应该尽量使嘴与麦克风保持较短的距离。通常情况下，嘴与麦克风的距离保持在 10 厘米到 30 厘米的范围内。

2. 选择好的录音环境

在录音时，环境对录音质量的影响很大。如果在室内录制，则应尽可能地选择墙体表面柔软的房间或墙体表面粗糙的房间，这种墙面能有效吸收混响，而且要尽量选择空间大的房间，这些都能有效地避免产生大量混响。如果在狭长的走廊录音，则效果不会太理想。

在选择录音环境时，应尽可能地远离噪声源，如空调出风口、打开的窗户、运行中的冰箱、计算机风扇等。

3. 选择优秀的录音软件

一款优秀的录音软件是允许进行设置的，我们可以设置音频的文件格式、采样频率、位深度和位率，也可以设置单声道或立体声。我们可以尝试使用安卓系统的 Voice Recorder Pro 或 iOS 系统的 TapeACall 进行录音。

活动 5　使用计算机录制麦克风的声音

我们已经学习了如何使用手机录音，其实使用计算机录制音频也非常方便，而且使用计算机录制麦克风的声音也是常见的获取音频的手段。

操作步骤

1. 做好录音前的准备工作

（1）连接麦克风。

准备好一个带有麦克风的耳机，将耳机与计算机主机正确连接，可以根据实际需求将耳机连接至机箱前面板或机箱后面板，如图 3-34 所示。

图 3-34

（2）设置麦克风。

①在操作系统任务栏右下角"扬声器"图标上单击鼠标右键，在弹出的快捷菜单中选

择"声音"命令，如图 3-35 所示。

②在"声音"对话框中选择"录制"选项卡，正常情况下，可以看到列表中有"麦克风"选项，该选项图标上会有正在运行标记，选项右侧展示了音量大小。选择"麦克风"选项后，单击"属性"按钮，如图 3-36 所示。

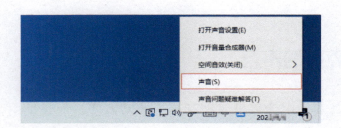

图 3-35　　　　　　　　　　　　　　　　图 3-36

③在"麦克风 属性"对话框中，选择"级别"选项卡，根据实际需求设置麦克风级别和麦克风加强级别，如图 3-37 所示。

④在"麦克风 属性"对话框中，选择"高级"选项卡，根据实际需求设置麦克风的采样频率和位深度，如图 3-38 所示。

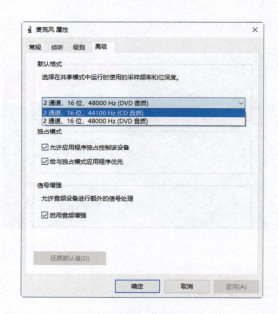

图 3-37　　　　　　　　　　　　　　　　图 3-38

⑤完成设置后,单击"确定"按钮。

2. 打开录音软件

找到并打开操作系统(Windows 10)自带的"录音机"程序,如图3-39所示。

提示:

打开时,系统会询问"是否允许录音机访问你的麦克风",我们单击"是"按钮即可,如图3-40所示。

图 3-39　　　　　　　　　　　　　　　图 3-40

如果操作系统(Windows 10)自带的"录音机"程序无法访问麦克风,则可以在打开"录音机"程序后,单击界面右下角的 ⋯ 按钮,并在弹出的快捷菜单中选择"麦克风设置"命令,如图3-41所示。

3. 录音

(1)单击"录音机"程序界面中间的"录制"按钮  开始录音。

(2)通过系统设置确保麦克风处于可用状态,如图3-42所示。

(3)录音开始后,"录制"按钮 变为"停止录制"按钮 ,当录制完成后单击此按钮。

4. 对文件重命名及确认存储位置

(1)音频录制完成后将会自动保存。

(2)右击录制完成的音频选项,在弹出的快捷菜单中选择"重命名"命令,为音频命名,如图3-43所示。

(3)右击录制完成的音频选项,在弹出的快捷菜单中选择"打开文件位置"命令,可以找到音频的存放位置,如图3-44所示。

多媒体制作与应用

图 3-41

图 3-42

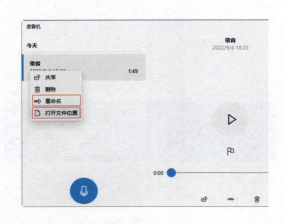

图 3-43

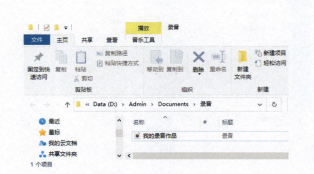

图 3-44

至此，使用计算机录制麦克风的声音任务完成。

试一试

使用计算机和麦克风录制自己朗诵的《沁园春·雪》。

知识链接：采样频率和位深度

在麦克风设置面板中有两个比较重要的参数：采样频率和位深度。

1. 采样频率

采样频率又称为采样率，是指计算机每秒钟采集多少个声音样本，单位为 kHz。采样频率是描述声音文件的音质和音调，衡量 USB 麦克风、声卡、声音文件的质量标准。采样频率越高，声音波形也越精确，对声波的还原度就越真实和自然。

如今麦克风/声卡常用的采样频率一般为 11kHz、22kHz、44.1kHz 和 48kHz。其中，以 11kHz 采样频率获得的声音被称为电话音质，以 22kHz 采样频率获得的声音被称为广播音质，以 44.1kHz 采样频率获得的声音被称为 CD 音质。48kHz 采样频率常用于 Mini DV、数字电视、DVD、DAT、电影和专业音频的录制。

2. 位深度

位深度又称为位深。在记录数字图像的颜色时，计算机实际上是用每个像素需要的位深度来表示的。音频位深度是表示数字音频信号大小的计算机信息，音频的信息量即音频位深度，单位为 bit。

常见的位深度有 16bit 和 24bit。位深度影响信号的信噪比和动态范围，也决定了文件的大小。理论上，位深度越高，音频质量越好，同时文件也越大。

活动 6　通过文字制作音频

现在，多媒体技术得到迅猛发展，阅读电子书、听电子书成为人们生活中不可或缺的一部分，文字转音频技术已经很成熟了。

 操作步骤

（1）安装并打开"格式工厂"软件，如图 3-45 所示。

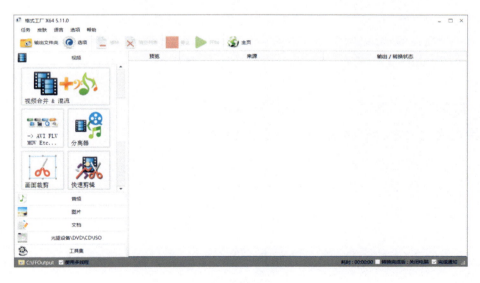

图 3-45

提示：
本任务使用的"格式工厂"软件版本是 X64 5.11.0。

（2）准备好要制作成音频的文字内容，并使用"记事本"程序保存好，如图 3-46 所示。

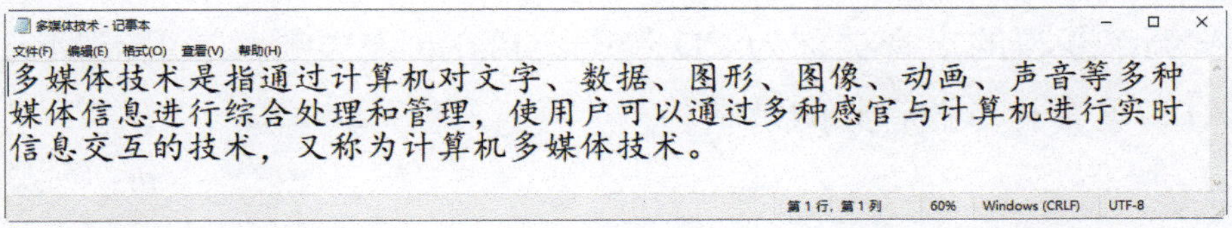

多媒体制作与应用

图 3-46

（3）使用"格式工厂"软件将文字制作成音频。

①在"格式工厂"软件界面左侧的工具栏中选择"音频"选项。

②单击"Text→Wav"按钮，如图 3-47 所示。

图 3-47

③单击"添加文件"按钮，如图 3-48 所示。

④选择要朗读的文本所在的文件，如图 3-49 所示。

图 3-48

项目 3　音频制作

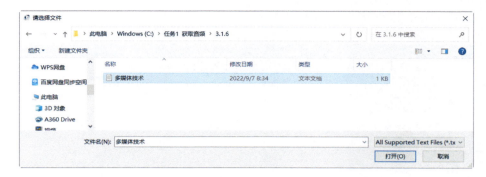

图 3-49

提示：

我们也可以单击"添加文本"按钮 ![添加文本]，将要制作成音频的文字直接录入或粘贴到对话框中，然后单击"确定"按钮，如图 3-50 所示。

图 3-50

⑤在"Text→Wav"界面左下方设置音频的存储位置，然后单击"确定"按钮，如图 3-51 所示。

图 3-51

⑥单击"开始"按钮进入文字转音频的过程，如图 3-52 所示。

多媒体制作与应用

图 3-52

⑦转换完成后，在音频选项上单击鼠标右键，在弹出的快捷菜单中选择"打开输出文件夹"命令，如图 3-53 所示。

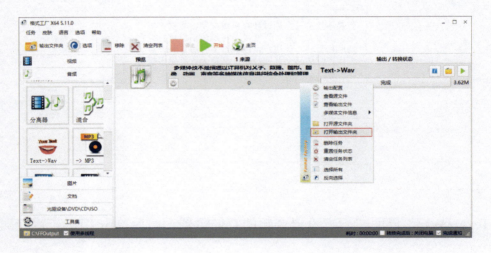

图 3-53

⑧这时，我们可以看到音频文件已经存储在设置好的文件夹中了，如图 3-54 所示。

图 3-54

至此，通过文字制作音频的任务完成。

试一试

将《沁园春·雪》全文利用"格式工厂"软件转换成音频。

知识链接：文字转语音

利用计算机软件把文字转成语音的实现方法很多。以汉字为例，一般思路如下：制作一个拼音与人声对应的数据库→将汉字转换为拼音（因为拼音是字的基本音素）→根据拼音在数据库中进行检索，并将检索到的拼音对应的语音进行播报。

现在将文字转成语音的软件很多。一款优秀的文字转语音软件首先要具备非常真实的声音，具有很多可供选择的声音，并且能调节语音播报的速度。

活动 7　音频格式转换

获取音频的途径有很多，所生成的音频格式也不同，现在常用的音频格式有 CD、WAV、MP3、MIDI、WMA、APE、FLAC 等。

一些可插入音频的软件只能支持部分音频格式，如 WPS Office 2019 演示文稿中的背景音乐只支持 MP3、WMA、WAV、MIDI 格式，不支持其他格式；Unreal Engine 4（虚幻引擎 4）只支持 WAV 格式，不支持 MP3 格式。

面对不同的需求，我们需要对已有的不符合要求的音频格式进行转换。

音频格式转换的最常用方法是使用音乐播放软件。很多音乐播放软件都有音频截取功能，在对截取的部分音频进行保存时，可以用新的音频格式进行存储。

操作步骤

1. 使用音乐播放软件转换音频格式

（1）以"QQ 影音"（版本号为 4.6.3.1104）为例进行介绍。打开"QQ 影音"软件，如图 3-55 所示。

（2）打开要转换的源文件（WAV 格式的音频）。

（3）在主界面上单击鼠标右键，通过快捷菜单执行"工具→转码压缩"命令，如图 3-56 所示。

（4）在"转码压缩"对话框中，将格式设置为"纯音频""mp3"，并设置转换后音频的存储位置，然后单击"开始"按钮，如图 3-57 所示。

（5）打开转换后音频所在的文件夹，确认转换是否成功，如图 3-58 所示。

至此，使用音乐播放软件转换音频格式的任务完成。

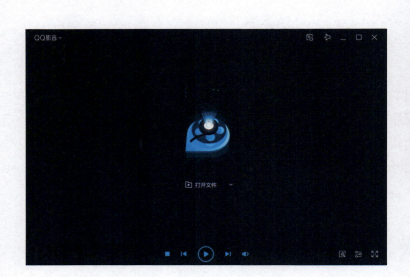

图 3-55

图 3-56

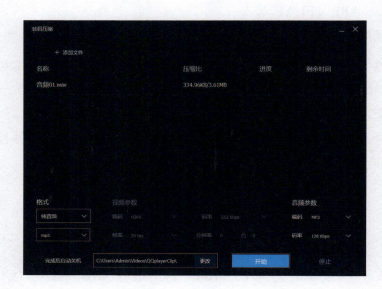

图 3-57

图 3-58

项目 3　音频制作

提示：
上面的操作是将整个音频进行格式转换，只截取音频中的某一段进行转换也是可以的。

2. 使用音乐播放软件转换某一段音频的格式

（1）同样以"QQ 影音"为例进行介绍。右击软件主界面，通过快捷菜单执行"工具→截取"命令，如图 3-59 所示。

图 3-59

（2）设置截取部分的起始位置和结束位置（通过拖动光标来完成），然后设置输出格式，设置好后单击"保存"按钮，如图 3-60 所示。

图 3-60

（3）设置所截取音频的存储位置，然后单击"保存"按钮，如图 3-61 所示。

图 3-61

当使用"QQ 影音"软件播放一段视频时，是否可以获取相应的音频呢？答案是肯定的。

3. 使用音乐播放软件提取视频中的音频

（1）使用"QQ 影音"软件打开所要提取音频的视频。

（2）右击播放界面，通过快捷菜单执行"工具→转码压缩"命令，如图 3-62 所示。

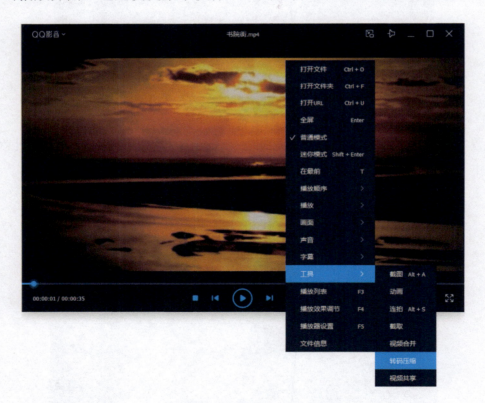

图 3-62

（3）在"转码压缩"对话框中，将格式设置为"纯音频""mp3"，并为所提取的音频设置存储位置，设置好后单击"开始"按钮，如图 3-63 所示。

项目 3　音频制作

图 3-63

（4）完成后打开相应文件，确认音频是否被正确提取。

提示：

如果在互联网上搜索，那么你会发现很多专业的音频格式转换工具，可以根据不同的需求下载相应的音频格式转换工具完成任务，如把 NCM 格式（网易云音乐使用的音频文件编码格式）转换成 MP3 格式，可以在网上搜索"NCM 转 MP3 工具"，你会得到很多解决办法（见图 3-64），包括在线转换音频格式的服务，但是大部分都要收费。需要注意的是，我们在使用音频格式转换工具时要合理合法，不能侵权。

图 3-64

119

多媒体制作与应用

对于多媒体制作人员来说，在日常工作中他们总是有几款自己使用频率高的格式转换工具，如"格式工厂"软件。

在"格式工厂"软件界面左侧的工具栏中选择"音频"选项，可以看到它几乎支持所有格式的音频转换成 MP3、WMA、FLAC、AAC、MMF、AMR、M4A、M4R、OGG、MP2、WAV 等格式，如图 3-65 所示。

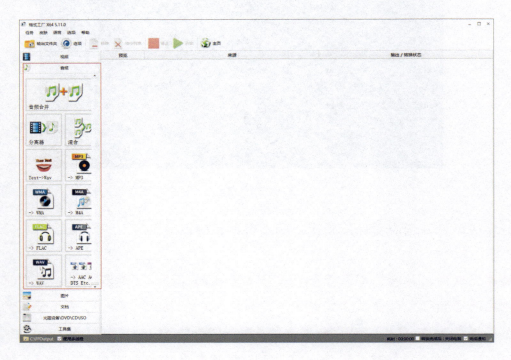

图 3-65

试一试

使用"格式工厂"软件转换音频格式。

知识链接：音频格式转换软件

1. QQ 影音

QQ 影音是腾讯公司推出的一款支持任何格式影片和音乐文件播放的本地播放器，上线于 2008 年 9 月。它除具有影音播放功能外，还具有视频截图、剧情连拍、视频截取和 GIF 动图截取功能。当然，它也具有音视频转码、压缩、合并等功能。

2. 格式工厂（Format Factory）

格式工厂是上海格诗网络科技有限公司面向全球用户推出的互联网软件，该软件支持上百种音视频格式，如 AVI、VCD、SVCD、DVD、MPG、WMV 等，也支持不常见的格式，如 MTS、MOD、TS、M2TS 等，它还有视频剪辑、合并、水印、预览、截图等功能。

3. 超级转换秀

超级转换秀是梦幻科技品牌旗下的优秀作品。超级转换秀是集视频转换、音视频混合转换、音视频切割/驳接转换、叠加视频水印、叠加滚动字幕/个性文字/图片等于一体的优秀影音转换工具。

任务 2　编辑音频

很多人都能熟练地使用办公软件处理文档，在编辑文档时，选择、复制/剪切、粘贴这些操作都非常简单，那么是否也能方便地编辑音频呢？答案是肯定的。本书使用 Adobe Audition（版本为 22.2.0）软件进行音频编辑。

学习内容

（1）使用 Adobe Audition 录制音频。
（2）使用 Adobe Audition 打开与关闭音频。
（3）使用 Adobe Audition 进行音频波形的编辑。
（4）使用 Adobe Audition 对音频降噪。

任务情景

小明非常想学习一款专业的音频编辑软件的使用方法，同事向他推荐了 Adobe Audition，他迫不及待地下载并安装了 Adobe Audition，开始了 Adobe Audition 的学习之旅。

任务分析

Adobe Audition 是一个功能强大、操作便捷的音频编辑软件，在本任务中我们主要学习 Adobe Audition 的入门操作。掌握几个常规操作后，我们就可以根据自己的思路对音频进行编辑了。本任务的思维导图如图 3-66 所示。

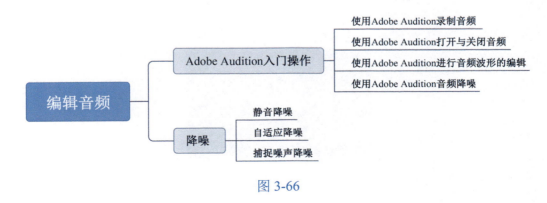

图 3-66

活动 1　Adobe Audition 入门操作

Adobe Audition 入门操作包括录制音频、打开与关闭音频、编辑音频波形（选择、复制、剪切、粘贴、删除）等。

 操作步骤

1. 录制音频

（1）将麦克风正确连接到计算机上。

（2）打开 Adobe Audition 软件。

（3）单击界面中的"录制"按钮，如图 3-67 所示。

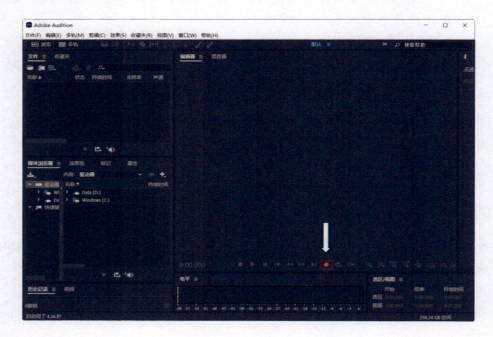

图 3-67

（4）在弹出的"新建音频文件"对话框中设置文件名、采样率、声道、位深度，我们也可以采用默认设置，如图 3-68 所示。

图 3-68

（5）单击"确定"按钮后，开始录制音频。随着声音的采集，我们可以看到波形发生变化，如图 3-69 所示。在录制音频时，"停止"按钮■和"暂停"按钮Ⅱ变为可用状态，通过它们我们可以停止录音或暂停录音。

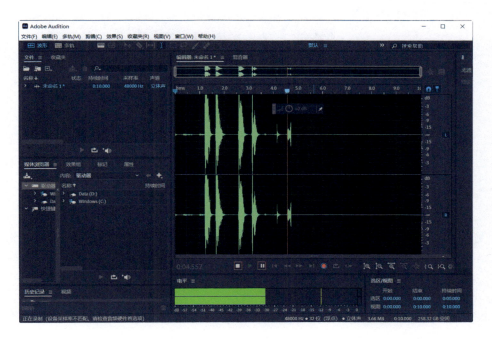

图 3-69

（6）录制完成后，单击"停止"按钮■，软件界面左上方"文件"列表中显示了刚刚录制完成的音频，如图 3-70 所示。

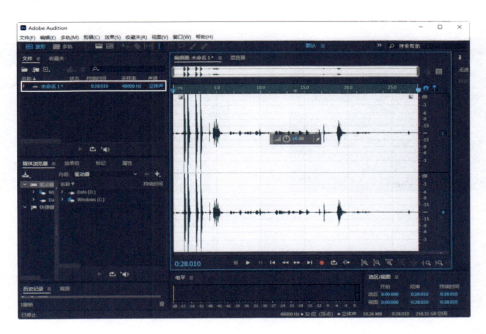

图 3-70

(7)保存音频。

①执行菜单命令"文件→保存"(见图3-71)或"文件→另存为",打开设置对话框。

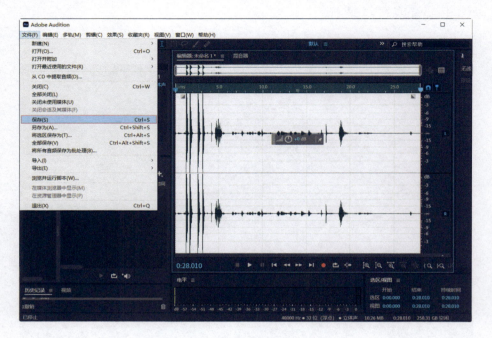

图 3-71

②设置音频的文件名、位置、格式,如图3-72所示。

③设置好后单击"确定"按钮,在弹出的提示框中单击"是"按钮完成保存,如图3-73所示。

图 3-72

图 3-73

提示:

MP3格式是有损压缩格式,用MP3格式保存的音频文件大小一般只有WAV格式文件的1/10,而且音质也要次于CD格式或WAV格式的音频文件。

保存成功后,可以在文件列表中看到音频文件信息,如图3-74所示。

项目 3 音频制作

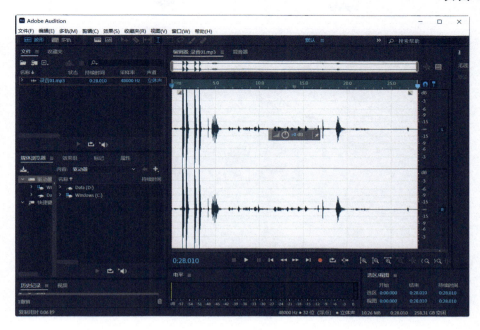

图 3-74

2. 打开与关闭音频

要想编辑音频，需要先在 Adobe Audition 中打开目标音频。

（1）执行菜单命令"文件→打开"，在弹出的"打开文件"对话框中选择要打开的文件，如图 3-75 所示。

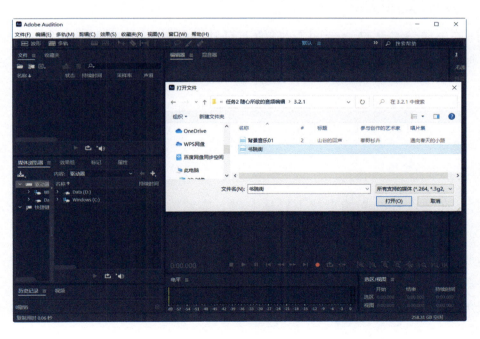

图 3-75

（2）打开文件后，可以看到音频的波形信息，单击"播放"按钮▶可以试听音频内容，如图 3-76 所示。

多媒体制作与应用

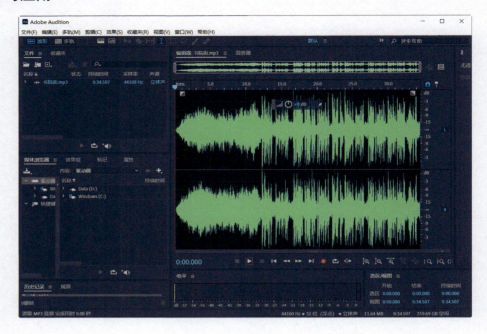

图 3-76

提示：

对音频波形进行横向缩放：旋转鼠标中轮。

对音频波形进行横向平移：Shift+旋转鼠标中轮。

对音频波形进行纵向放大：Alt+=。

对音频波形进行纵向缩小：Alt+-。

（3）执行菜单命令"文件→关闭"，将当前打开的音频关闭，如果对音频进行了编辑并且没有保存，则此时会弹出对话框提示保存文件。

提示：

如果已经打开了多个音频，并且想一次性全部关闭，则可以执行菜单命令"文件→全部关闭"。

3. 编辑音频波形

（1）选择：在要选择的起始点按下鼠标左键，拖动鼠标移动，选区合适后松开鼠标左键，被选中的部分将突出显示，如图 3-77 所示。

（2）复制：先选择一部分音频波形，执行菜单命令"编辑→复制"（见图 3-78），这里建议使用快捷键 Ctrl+C。

（3）剪切：先选择一部分音频波形，执行菜单命令"编辑→剪切"，这里建议使用快捷键 Ctrl+X。

（4）粘贴：在进行粘贴操作之前，必须先对部分音频波形进行复制或剪切，并且通过单击音频波形的某个位置进行定位，再执行菜单命令"编辑→粘贴"，建议使用快捷键 Ctrl+V。

项目3　音频制作

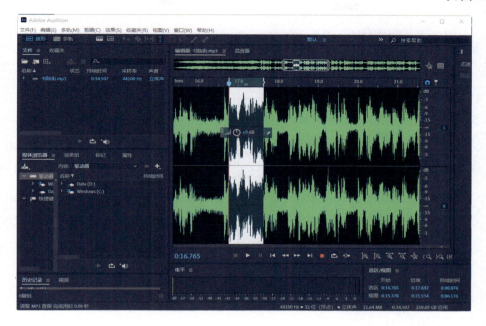

图 3-77

图 3-78

（5）删除：在进行删除操作时，先选择要删除的部分音频波形，然后按 Delete 键。

学会以上对音频波形的选择、复制、剪切、粘贴、删除等操作，我们就能像使用办公软件处理文字那样轻松地处理音频了。

 试一试

使用 Adobe Audition 录制自己朗诵的《沁园春·雪》，并利用所学的知识对音频进行初步编辑。

知识链接：Adobe Audition 软件

1990 年，Syntrillium 软件公司成立，不久后开发出了一款出色的音频处理软件 Cool Edit，随后又发布了 Cool Edit 的升级版 Cool Edit Pro，功能更加出色。

2003 年 5 月，Adobe 公司以 1650 万美元的价格从 Syntrillium 软件公司购买了 Cool Edit 的非共享版 Cool Edit Pro v2.1，并将其更名为 Adobe Audition。2003 年 8 月 18 日，Adobe Audition v1 发布，目前市面上常见的版本有 CC 2018、CC 2019、CC2020、CC2021、CC2022、CC2023。

近年来，Adobe Audition 的功能越来越完善，深受业界人士好评，Adobe Audition 已成为一个专业音频编辑和混合环境，专为音频和视频制作专业人员设计，提供先进的音频混合、编辑、控制和效果处理功能，最多可混合 128 个声道，可编辑单个音频文件，创建回路并能使用 45 种以上的数字信号处理效果。

活动 2 降噪

受录音环境、录音设备等影响，录制的音频中常常有噪声，影响音质。在音频编辑过程中，降噪是一种常用的技法，目的是通过减少噪声提升音频品质。声音降噪处理的流程是，先对噪声的波形样本进行取样，再对音频素材的波形进行分析，最后将其中的噪声去除。

 操作步骤

1. 静音降噪

在音频中，我们对能通过听觉和视觉（观察波形）捕捉的噪声使用"静音"命令降噪。

（1）打开含有噪声的音频文件（沁园春雪.wav）。

（2）观察波形并反复试听，选中噪声部分的音频波形，如图 3-79 所示。

图 3-79

右击被选中的音频部分,在弹出的快捷菜单中选择"静音"命令,如图 3-80 所示。

图 3-80

静音后,被选中部分的音频波形变成一条直线,如图 3-81 所示。

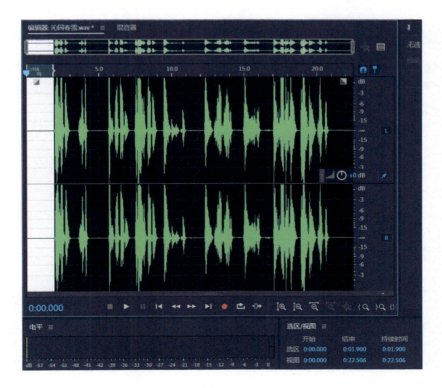

图 3-81

2. 自适应降噪

噪声的一部分是底噪，对这种噪声一般使用"自适应降噪"命令消除。

（1）执行菜单命令"效果→降噪/恢复→自适应降噪"，如图 3-82 所示。

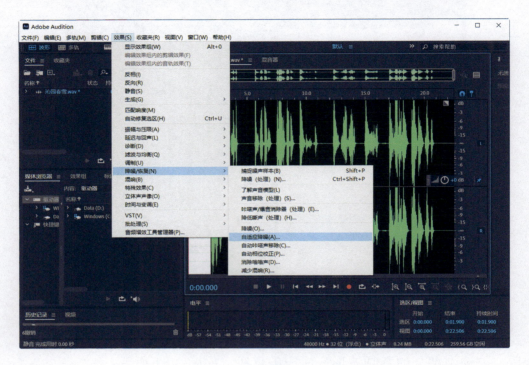

图 3-82

（2）在弹出的"效果-自适应降噪"对话框中，将"预设"设置为"默认"，然后勾选"高品质模式（较慢）"复选框，如图 3-83 所示。

（3）单击"预览播放/停止"按钮进行试听，如果效果不理想，则微调参数至满意为止。

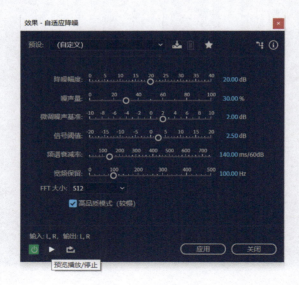

图 3-83

（4）单击"应用"按钮，完成对"底噪"的消除。

提示：

底噪即背景噪声，它主要是由耳机产生的，耳机产生底噪的基本原因是前端问题，耳机的灵敏度越高对底噪就越敏感，在加大音量时，底噪会更加明显。

3. 捕捉噪声降噪

（1）通过反复试听，选中一段噪声的波形，如图3-84所示。

图3-84

（2）执行菜单命令"效果→降噪/恢复→捕捉噪声样本"，如图3-85所示。

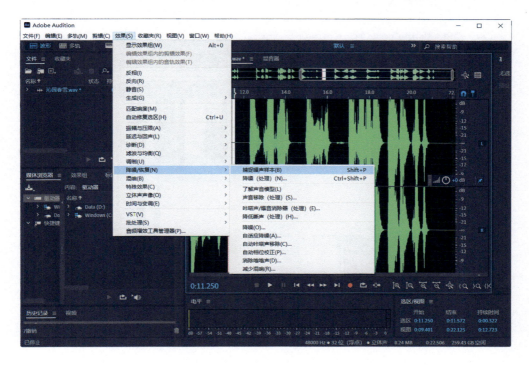

图3-85

（3）执行菜单命令"编辑→选择→全选"（快捷键为 Ctrl+A）选择全部波形，如图 3-86 所示。

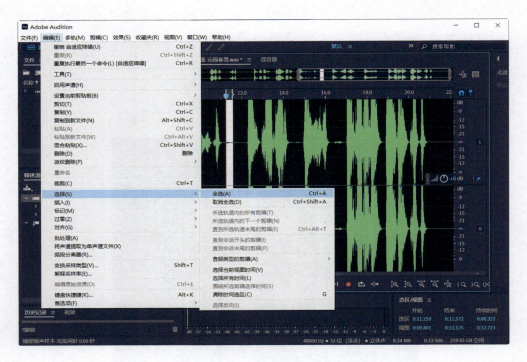

图 3-86

（4）执行菜单命令"效果→降噪/恢复→降噪（处理）"（快捷键为 Ctrl+Shift+P），如图 3-87 所示。

图 3-87

项目3　音频制作

在弹出的"效果-降噪"对话框中进行参数调节，如图3-88所示。

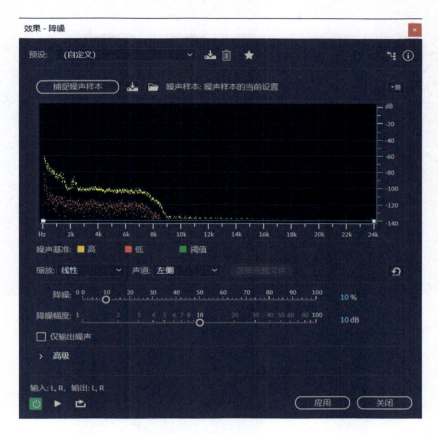

图 3-88

提示：

在"效果-降噪"对话框中有条蓝色调节线，可以在蓝色调节线上加点并调整形状，对噪声进行筛选，绿色表示人声，红色表示噪声。

（5）单击"预览播放/停止"按钮进行试听，如果效果不理想，则继续微调，直至效果令人满意为止。结束调整后，单击"应用"按钮。

4．消除口水音

口水音就是说话时受口水影响发出的声音。

（1）选择全部波形。

（2）执行菜单命令"效果→降噪/恢复→自动咔嗒声移除"，如图3-89所示。

在弹出的"效果-自动咔嗒声移除"对话框中进行参数调节，可以选择各种预设模式进行尝试，并在此基础上进行微调，直至效果令人满意为止，如图3-90所示。

（3）单击"应用"按钮，降噪完成。

保存已消除噪声的音频文件。至此，消除噪声的任务完成。

133

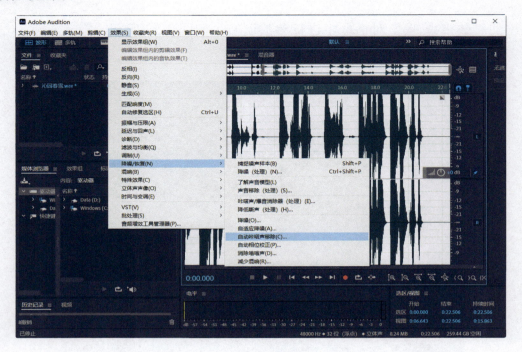

图 3-89

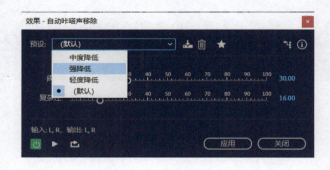

图 3-90

 试一试

对录制的音频进行降噪处理。

任务 3　制作诗朗诵音频

"学以致用、用以促学、学用相长"是正确的学习观，作为职业院校的学生，我们必须强化职业意识，掌握专业关键性操作技能和必备的专业知识，努力达到岗位实践应用水平。

通过对音频相关知识的学习，根据实际需求，发挥创造力，制作出符合要求的音频作品是很让人期待的。

项目 3　音频制作

学习内容

（1）使用 Adobe Audition 多轨编辑器编辑音频。
（2）使用 Adobe Audition 实现音频的淡入淡出效果。
（3）使用 Adobe Audition 制作立体声效果。

任务情景

小明从事多媒体制作工作多年，今天他从网上接了一个项目，根据客户提供的一段录音和一首音乐，制作带有背景音乐的诗朗诵音频作品。

任务分析

音频作品的创作有科学的流程。在制作之前，我们需要设定音频作品的内容和表现形式。在制作阶段，我们先导入外部音频，然后通过多轨会话将诗朗诵的人声音频与背景音乐分别放置在不同的轨道上，并对多轨音频进行编辑，最后形成一个带有背景音乐的诗朗诵音频作品。本任务的思维导图如图 3-91 所示。

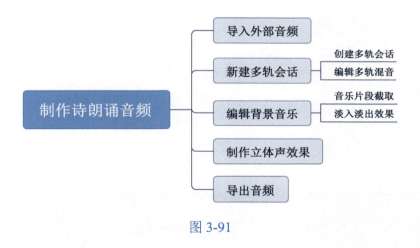

图 3-91

操作步骤

1. 导入外部音频

（1）打开 Adobe Audition 软件，执行菜单命令"文件→导入→文件"，如图 3-92 所示。
（2）选择文件名为"背景音乐 01"和"沁园春雪-消除噪音"的音频，单击"打开"按钮，如图 3-93 所示。

2. 新建多轨会话

（1）在文件列表中选中已导入的两个音频并右击，通过快捷菜单执行"插入到多轨混音中→新建多轨会话"命令，如图 3-94 所示。

多媒体制作与应用

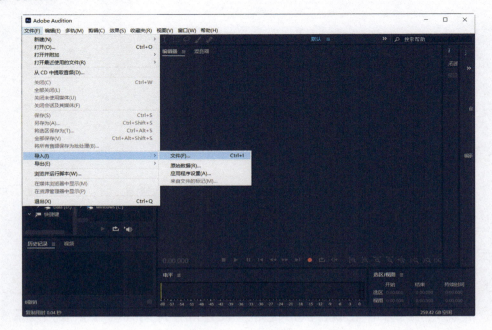

图 3-92

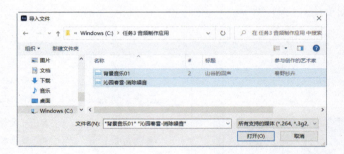

图 3-93

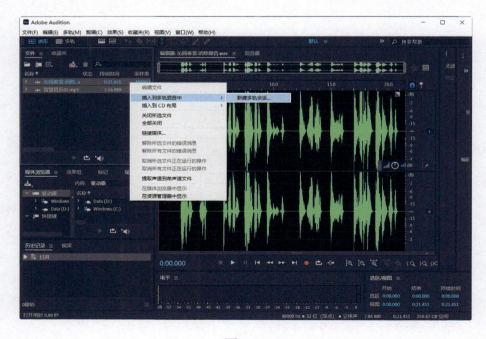

图 3-94

(2)在弹出的"新建多轨会话"对话框中,确定会话名称、文件夹位置、采样率、位深度、混合(模式),如图3-95所示。

图3-95

(3)在弹出的提示框中选中"将每个文件放置在各自的轨道上"单选按钮,然后单击"确定"按钮,继续在弹出的提示框中单击"确定"按钮,如图3-96所示。

图3-96

(4)新建多轨会话完毕,如图3-97所示。

图3-97

多媒体制作与应用

3. 编辑背景音乐

可以看到，两个音频文件的长度不一致，需要对轨道 2 上的音频"背景音乐 01"的多余部分进行删除。

（1）双击轨道 2 上的波形，进入音频"背景音乐 01"的编辑界面。

（2）定位到 25 秒处，如图 3-98 所示。

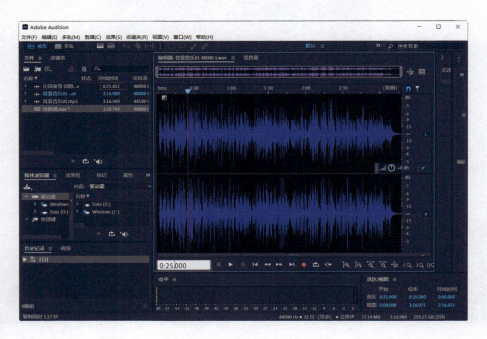

图 3-98

（3）按住 Shift 键并单击选中波形结尾处，然后按 Delete 键，完成后如图 3-99 所示。

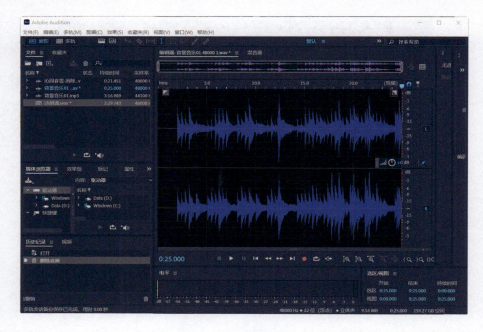

图 3-99

（4）仔细查看波形图像，左上角和右上角各有一个滑块。左上角的是"淡入"滑块◢，控制音频的音量从无到有；右上角的是"淡出"滑块◣，控制音频的音量从有到无。

将"淡入"滑块◢向右方拉（见图 3-100），将"淡出"滑块◣向左方拉（见图 3-101），实现声音的淡入淡出效果。

图 3-100

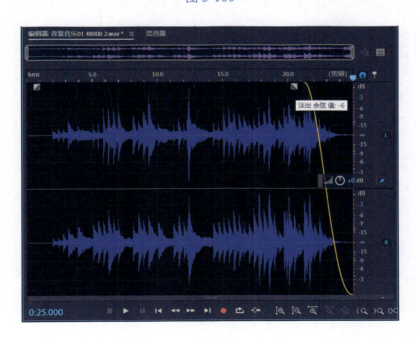

图 3-101

（5）执行菜单命令"文件→保存"，对编辑效果进行保存。

在文件列表中，双击"诗朗诵.sesx*"选项返回混音编辑界面，如图 3-102 所示。

图 3-102

（6）定位到 25 秒处，单击工具栏中的"切断所选剪辑工具"按钮，在 25 秒处单击鼠标左键裁剪，如图 3-103 所示。

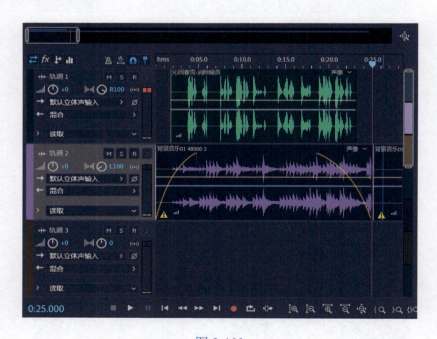

图 3-103

（7）选择 25 秒后的片段，使用 Delete 键删除，完成后效果如图 3-104 所示。

4．制作立体声效果

为了制作出耳机左侧扬声器中播放背景音乐、右侧扬声器中播放诗朗诵的立体声效果，我们需要先找到立体声平衡选项 , 调整轨道 1 的值为 R100（对 向右拖动调整值），调整轨道 2 的值为 L100（对 向左拖动调整值）。完成后如图 3-105 所示。

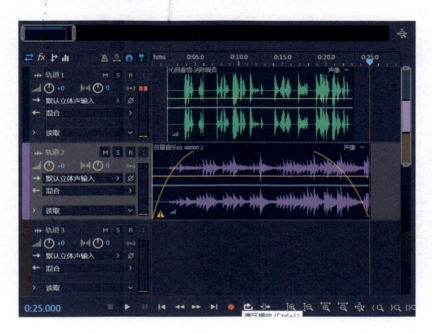

图 3-104

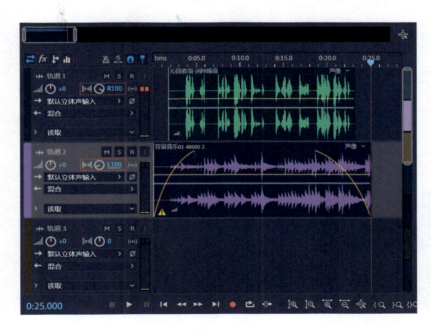

图 3-105

5. 导出音频

（1）执行菜单命令"文件→保存"，对混音文件进行保存，如图 3-106 所示。

（2）执行菜单命令"文件→导出→多轨混音→整个会话"，将混音后的音频导出，如图 3-107 所示。

多媒体制作与应用

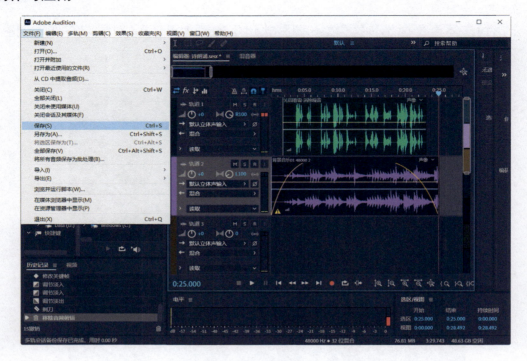

图 3-106

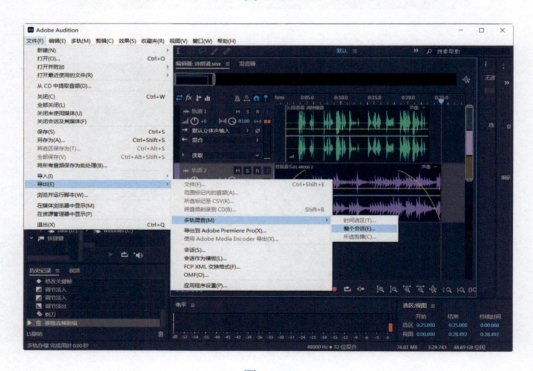

图 3-107

在"导出多轨混音"对话框中，对文件名、位置、格式确认无误后，单击"确定"按钮，如图 3-108 所示。

至此，音频作品制作完成。

项目3 音频制作

图 3-108

 试一试

制作一个带有背景音乐和立体声效果的个人音频作品。

课后习题

1．列举 5 种以上的音频格式。

2．常见的获取音频的方法有哪些？

3．实操题。

在网上下载歌曲《我的中国心》伴奏音乐，根据伴奏音乐录制清唱音频（不带音乐），最后将二者合成自己的音频作品。

项目 4 视频制作

当前，我们处在信息化社会中，处在多媒体世界里。视频媒体与图片、文字等其他媒体比较起来有其独特的优势。充分地了解和把握这些优势，对于我们学习和提高多媒体制作水平有很大的帮助。首先，视频具有很强的表现力和感染力，它是影像、声音、图片、文字的一种结合体。其次，视频具有很强的纪实性优势，能给人带来一种真实感。最后，视频具有具象性优势，通过生动、鲜明的动态形象给人留下深刻的印象。在本项目中，我们的学习目标是采集及加工处理视频素材，并通过专业的视频制作技术制作出高质量、令人满意的视频作品。

多媒体制作与应用

应用场景

场景1：微课制作

微课是针对某个学科知识点或教学环节而设计开发的视频课程，是对课堂教学的补充。在常见的微课制作中，录屏式制作效果好，操作简单。制作过程如下：先针对某个知识点或教学环节，精心制作一个PowerPoint演示文档，并安装好EV录屏软件；打开PowerPoint演示文档，把带麦克风的耳机插入计算机，启动EV录屏软件，教师开始录制微课视频，PowerPoint演示文档放映画面和教师声音都会被录制下来；视频录制完成后，还需要进行后期处理。因为经常会遇到录屏开始时PowerPoint演示文档还没有开始放映、录屏结束时PowerPoint演示文档早已结束放映的情况，所以我们需要把视频开头和结尾的多余部分剪掉。这时需要使用视频制作相关技能对录制的视频进行剪辑、美化处理。

场景2：视频在营销中的应用

小明打开淘宝APP准备买生活用品，发现自己对有视频介绍的物品更有购买欲望。视频营销不是一个新鲜的概念。自2018年以来，视频营销的作用在各个平台上越来越凸显。大部分的应用逐步开始视频化，看看生活类应用的产品策略就知道了。在所有的传播媒体中，视频的营销效果最好，最符合消费者需求。在文字、图片、音频、视频这4种传播媒体中，很显然，视频将前三种媒体都涵盖了，它将文字、图片、声音立体展现出来，形成形式丰富多样的成品，这种立体效果对人的冲击力不是图文广告能比的。视频制作的重要性不言而喻。

项目 4　视频制作

任务 1　获取视频素材

要想制作出属于自己的视频作品，首先需要获取相关的视频素材。在数码产品高度发达和普及的今天，获取视频素材的方法非常多，本任务将向你介绍多种获取视频素材的方法。

学习内容

（1）用手机拍摄获取视频素材。
（2）用摄像机拍摄获取视频素材。
（3）了解几个常用的优质资源网站，学会从网上下载视频素材。
（4）用录屏的方法获取视频素材。

任务情景

小明是某中专计算机专业的学生，平时喜欢用手机拍摄视频。这学期学校团委组织了一个名为"活力团支部"的评选活动，其中一项任务是每个团支部做一个介绍本团支部工作活动的视频。作为团员的小明承担了视频制作的任务，为了完成这项任务，他需要获取一些相关的视频素材。

任务分析

获取视频素材的方法通常有以下四种：一是用手机拍摄获取视频素材，二是用摄像机拍摄获取视频素材，三是从网上下载优质视频素材，四是用录屏的方法获取视频素材。本任务的思维导图如图 4-1 所示。

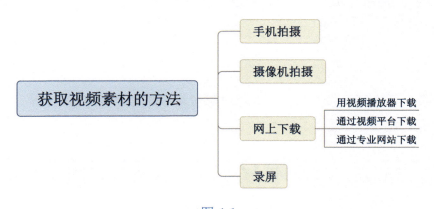

图 4-1

多媒体制作与应用

活动 1　用手机拍摄获取视频素材

手机已经成为人们必不可少的随身物品。它体积小、功能全，能满足人们日常生活、工作、学习、娱乐等的需要。尤其是手机的"相机"功能能满足人们一般的视频拍摄需求。

使用手机拍摄时最好用三脚架将其固定，如图 4-2 所示，这样可以保持所拍摄画面的稳定性，这是呈现好视频内容的前提条件；而且应该根据实际需要决定是采用横屏拍摄还是采用竖屏拍摄；同时，应确保视频时长合适，过长的视频会影响整体观感，长短合适的视频才能达到宣传效果。

图 4-2

 试一试

用手机拍摄一段校园风景视频，体会用手机获取视频素材的过程。

活动 2　用摄像机拍摄获取视频素材

用智能手机拍摄视频时，视频的质量往往达不到理想的状态。如果想获得高质量的视频效果，那么用摄像机拍摄无疑是最好的。在使用摄像机拍摄之前，需要检查摄像机的电量、存储卡的空间，以保证电量、存储空间充足。拍摄时为保证视频质量，同样需要使用三脚架支撑摄像机，以保证画面的稳定，如图 4-3 所示。拍摄完成后，将视频文件传输到计算机上进行保存。

图 4-3

 试一试

用摄像机拍摄一段班会活动视频，体会用摄像机获取视频素材的过程。

任务 2　视频文件格式及转换方法

不管是自己录制的视频还是从网上下载的视频都少不了预处理。例如，使用不同手机或摄像机录制的视频的文件格式不统一或不能用专业软件 Premiere、After Effects 等直接处理；

从不同平台、网站下载的某些视频有时无法直接在视频播放器中打开观看；还有的视频文件太大，影响计算机对其进行进一步加工、制作……当遇到这些问题时，我们需要先了解清楚视频文件格式，还要对某些视频文件进行必要的格式转换，让视频文件格式和大小都符合进一步的制作要求。

学习内容

（1）了解常见的视频文件格式。
（2）使用"格式工厂"软件实现视频文件格式的转换。

任务情景

小明自己动手录制了一些团支部活动视频，还从熊猫办公网站上下载了一些漂亮、美观、大气的视频素材。他将这些视频素材导入计算机后，发现有些视频素材不能直接打开观看，还有一个格式为 MOV 的文件，占用磁盘空间极大，需要"瘦身"。小明需要研究一下视频文件的格式及转换方法。

任务分析

小明用手机查找了一些资料。资料显示，视频文件有多种格式，有的格式的视频文件只能用某种播放器打开，视频转换软件可以对格式进行转换。本任务的思维导图如图 4-4 所示。

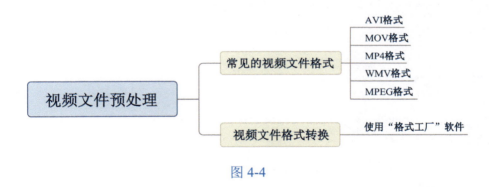

图 4-4

活动 1　常见的视频文件格式

视频是多媒体系统的重要组成部分，视频文件格式是指视频文件的编码方式和存储方式。为了满足存储视频的需要，人们设定了不同的视频文件格式用于把视频和音频放在一个文件中，以方便同时回放。

操作步骤

（1）双击计算机桌面上的"此电脑"图标，打开"此电脑"窗口。

多媒体制作与应用

（2）在"此电脑"窗口中双击 D 盘图标，打开 D 盘。

（3）在打开的 D 盘窗口中，找到搜索框并输入".mp4"，查找格式为 MP4 的视频文件，如图 4-5 所示。

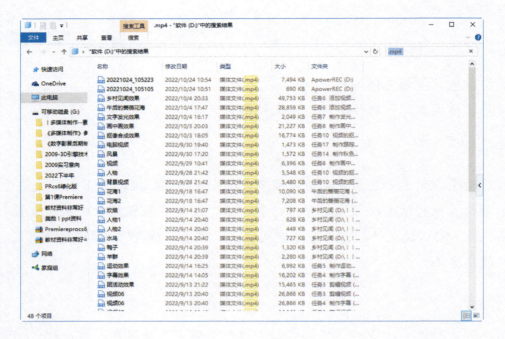

图 4-5

（4）用同样的方法，在 D 盘窗口的搜索框中输入".mov"，查找格式为 MOV 的视频文件，如图 4-6 所示。

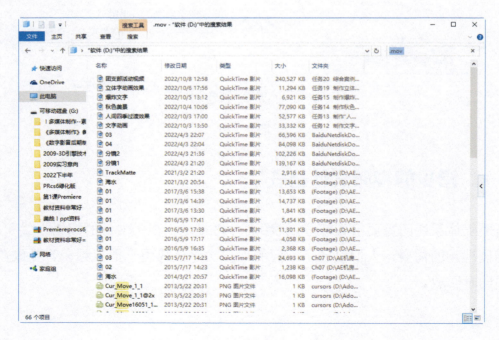

图 4-6

试一试

从本地计算机中搜索 WMV、AVI 等格式的视频文件,体会不同的视频文件格式。

知识链接:一些视频文件格式

1. AVI 格式

AVI 的英文全称为 Audio Video Interleaved,中文名称为音频视频交错格式,即将音频和视频交织在一起同步播放的文件格式,由微软公司在 1992 年推出,是视频领域历史最悠久的格式之一。AVI 格式视频文件调用方便,图像质量好,压缩标准可任意选择,主要应用在多媒体光盘上,用于存储电视、电影等各种影像信息,可以跨多个平台使用,缺点是体积过于庞大。

2. MOV 格式

MOV 格式也叫 QuickTime 封装格式,它是 Apple 公司开发的一种音频、视频文件封装格式,用于存储常用数字媒体类型文件。MOV 格式具有跨平台、存储空间要求小等技术特点并采用有损压缩方式,画面效果较 AVI 格式稍微好一些。此类格式视频文件的后缀为.mov,需要安装 QuickTime 播放器才能播放。

3. MP4 格式

MP4 格式是一个支持 MPEG-4 的标准音频和视频文件格式。MP4 是为播放流式媒体高质量视频而专门设计的,它可以利用很窄的带宽,通过帧重建技术,压缩和传输数据,以使用最少的数据获得最佳的图像质量。目前,MP4 最有吸引力的地方在于它能够保存接近于 DVD 画质的小体积视频文件。

4. WMV 格式

WMV 格式是一种独立于编码方式的在 Internet 上实时传播多媒体的技术标准,是微软公司开发的一组数位视频编解码格式的通称。WMV 格式的主要优点在于,可扩充的媒体类型、本地或网络回放、可伸缩的媒体类型、多语言支持、可扩展等。这种格式的视频文件的后缀为.wmv 或.asf 等,可以边下载边播放,因此很适合在网上播放和传输。

5. MPEG 格式

MPEG(Moving Picture Experts Group,动态图像专家组)是国际标准化组织(ISO)认可的媒体封装形式,受到大部分机器的支持。其储存方式多样,可以适应不同的应用环境。MPEG 格式视频文件的后缀为.dat(用于 DVD)、.vob、.mpg/mpeg、.3gp(用于手机)等。

多媒体制作与应用

活动 2　视频文件格式转换

目前，常用的视频文件格式转换软件有格式工厂、迅捷视频转换器等。格式工厂是一款多功能的多媒体文件格式转换软件，适用于 Windows 操作系统。它可以实现大多数视频、音频及图像等不同格式文件之间的相互转换。

下面通过具体案例来说明使用格式工厂对视频文件格式进行转换的方法。

如图 4-7 所示，视频文件"效果"的大小为 1.60GB，所占磁盘空间比较大，不利于播放和传输。本活动将通过格式工厂把该视频的格式由 MOV 转换到 MP4，以达到在画面质量不受较大影响的前提下减少视频文件的占用空间，为视频"瘦身"。

图 4-7

 操作步骤

（1）在本地计算机中安装格式工厂。安装完成后，"格式工厂"主界面如图 4-8 所示。

图 4-8

项目 4　视频制作

（2）单击主界面中的"->MP4"按钮，"->MP4"窗口被打开，如图 4-9 所示。

图 4-9

（3）单击窗口中部的"添加文件"按钮，弹出"请选择文件"对话框，选择需要转换格式的文件"效果"，如图 4-10 所示，然后单击"打开"按钮。这样，在"->MP4"窗口中就添加了一个需转换格式的视频文件，如图 4-11 所示。

图 4-10

图 4-11

153

多媒体制作与应用

（4）单击图 4-11 中的 按钮，弹出"Please select folder"（请选择文件夹）对话框，为将要生成的 MP4 格式的视频文件指定输出位置，如图 4-12 所示。

图 4-12

（5）回到"–>MP4"窗口中，可以发现目标视频文件的输出路径已被调整，如图 4-13 所示。单击右下角的"确定"按钮回到软件主界面，如图 4-14 所示。

图 4-13

图 4-14

（6）在如图 4-14 所示的主界面中，单击"开始"按钮 ▶ 开始，视频文件开始进行格式转换。如图 4-15 所示，格式转换正在进行中。

图 4-15

（7）等待几秒后，软件提示视频文件格式转换完成，如图 4-16 所示。

图 4-16

从图 4-16 中可以看出，转换后视频文件"效果.mp4"的大小只有转换前的 10%，而视频的画面质量并没有明显下降。

 试一试

将本书学习资源中的视频文件"昆虫.m2v"转换为"昆虫.mp4"，体会不同视频文件格式的转换方法。

任务 3　剪辑视频

通过多种方式获取视频、音频、图像等素材后，我们可以根据视频制作主题的需要，发挥自己的创意对素材进行剪辑、合成、导出，制作出满意的视频效果。Adobe 公司的视频编辑软件 Premiere 因其功能强大，使用范围最广，是视频编辑爱好者和专业人士必不可少的视频编辑工具。它提供了采集、剪辑、调色、美化音频、字幕添加、输出、DVD 刻录等功能。在本任务中，我们将学习使用该软件剪辑视频的基本方法，并且了解使用该软件制作视频的流程。

学习内容

（1）新建项目。

多媒体制作与应用

（2）新建序列。

（3）导入素材。

（4）用对素材设置标记入点、标记出点的方法剪辑视频。

（5）导出视频。

任务情景

小明准备好视频素材后，团支书又提供了一些团支部活动照片，小明打算用一个专业软件来制作视频。在听说当前应用最广泛的专业视频制作软件是 Premiere 后，小明查阅了相关资料，决定对该软件的基本剪辑功能和制作流程进行研究和学习。

任务分析

Premiere 简称 Pr，是专业的视频编辑工具，功能强大，可以高效提升创作能力和创作自由度。本任务需要了解以下内容：一是通过具体的案例学习剪辑视频的基础操作；二是了解视频制作的流程。本任务的思维导图如图 4-17 所示。

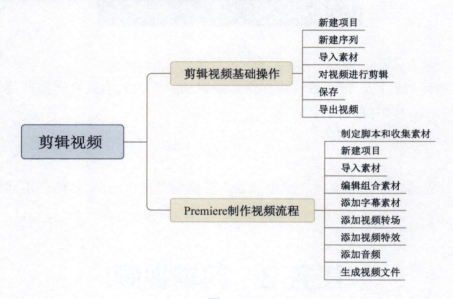

图 4-17

活动 1　导入素材

视频剪辑是 Premiere 软件中最基本的编辑功能，本活动将通过剪辑制作一个团支部活动视频。

操作步骤

1. 启动 Premiere

双击计算机桌面上的 Premiere 图标，启动 Premiere。

2. 新建项目

软件启动之后将进入 Premiere 的项目界面,如图 4-18 所示。单击左侧的"新建项目"按钮,新建一个项目。

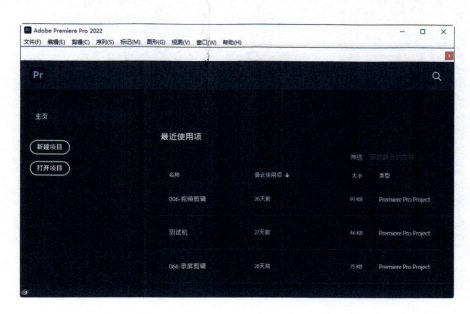

图 4-18

3. 项目设置

在弹出的"新建项目"对话框中,在"名称"文本框中输入项目的名称"团活动",在"位置"文本框中设置项目文件的存储路径,如图 4-19 所示。单击"确定"按钮,进入 Premiere 工作界面,如图 4-20 所示。

图 4-19

多媒体制作与应用

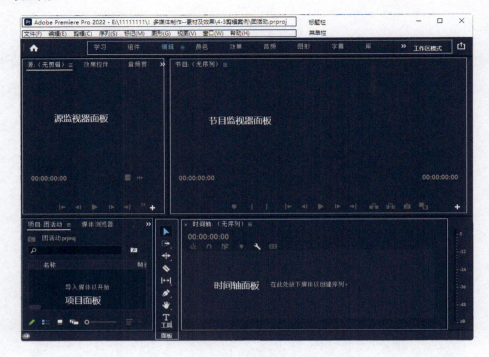

图 4-20

4. 新建序列，设置好"序列"参数

新建项目后，需要新建一个序列。每个项目文件内包含一个或多个序列。每个序列可看作编辑视频的载体，最终将序列的整体内容或局部内容进行导出或输出。

（1）在 Premiere 工作界面中的"项目"面板空白处单击鼠标右键，通过快捷菜单执行"新建项目→序列"命令，如图 4-21 所示。

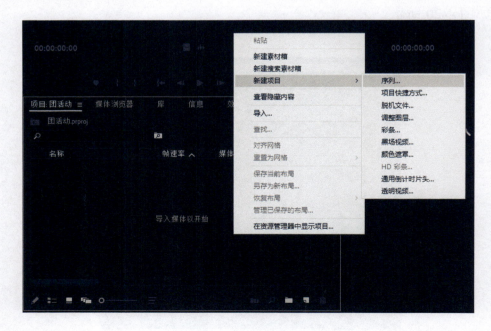

图 4-21

（2）在打开的"新建序列"对话框中，选择"序列预设"选项卡，展开"DV-PAL"文件夹，选择"标准48kHz"选项，如图4-22所示。单击"确定"按钮，完成新建序列。

图 4-22

5. 将素材导入项目

执行菜单命令"文件→导入"，在弹出的"导入"对话框中选择需要导入的素材文件"视频01.mp4"～"视频07.mp4"及"背景音乐.mp3"，如图4-23所示，单击"打开"按钮，将素材导入"项目"。

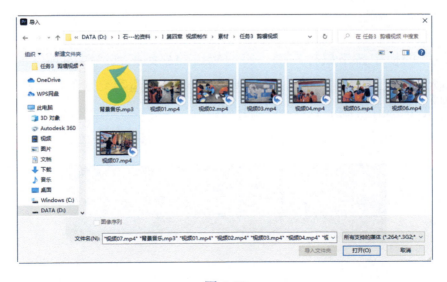

图 4-23

多媒体制作与应用

活动 2　剪辑视频

前期工作完成后,我们开始进入视频制作的重要环节——剪辑视频。

 操作步骤

1. 剪辑"视频 01.mp4"素材

(1)双击"项目"面板中的"视频 01.mp4"素材选项,在"源"面板(即源监视器面板)中查看视频内容。

(2)在"00:00:00:00"处单击"标记入点"按钮,在"00:00:06:22"处单击"标记出点"按钮,如图 4-24 所示。

图 4-24

(3)在"源"面板中按下鼠标左键,将剪辑过的视频拖到"时间轴"面板的"V1"(即视频 1)轨道 0 秒处,在弹出的如图 4-25 所示的"剪辑不匹配警告"对话框中单击"保持现有设置"按钮,完成将剪辑添加到序列中的操作。

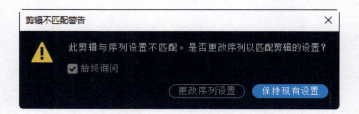

图 4-25

（4）调整"时间轴"面板上"视频 01.mp4"素材的大小。由图 4-26 可知，"视频 01.mp4"画面大小与帧大小不匹配，需要调整"视频 01.mp4"素材的大小。选中"时间轴"面板上的"视频 01.mp4"素材，打开"效果控件"面板，单击"运动"选项前面的"▶"按钮展开参数项，将"缩放"设置为"41.0"，如图 4-27 所示。

图 4-26

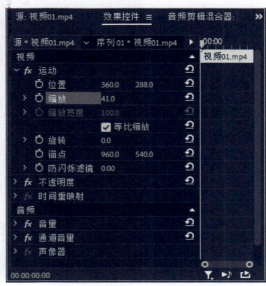

图 4-27

2. 剪辑"视频 02.mp4"素材

将"视频 02.mp4"素材在"源"面板中打开查看，在"00：00：02：13"处标记入点，在"00：00：06：29"处标记出点。拖动"源"面板中编辑好的素材到"时间轴"面板的"V1"轨道上，置于"视频 01.mp4"素材末尾。选中"时间轴"面板上的"视频 02.mp4"素材，在"效果控件"面板上将"缩放"调整为"41.0"。

3. 用同样的方法剪辑其他视频素材

剪辑"视频 03.mp4"素材（时间从"00：00：04：27"至"00：00：07：13"）、"视频 04.mp4"素材（时间从"00：00：00：00"至"00：00：05：01"）、"视频 05.mp4"素材（时间从"00：00：04：26"至"00：00：07：17"）、"视频 06.mp4"素材（时间从"00：00：00：16"至"00：00：03：27"）、"视频 07.mp4"素材（时间从"00：00：10：27"至"00：00：15：12"），然后将它们依次拖到"时间轴"面板的"V1"轨道上，再将新剪辑素材的"缩放"统一调整为"41.0"。

4. 删除原视频素材的音频

用"工具"面板中的"选择工具"选中"A1"（即音频1）轨道上的所有音频素材，单击鼠标右键，在弹出的快捷菜单中选择"取消链接"命令，如图4-28所示。再次选择"A1"轨道上的所有音频素材，按Delete键删除原视频素材的音频。

图 4-28

5. 将背景音乐与视频合成

将"项目"面板中的音频文件"背景音乐.mp3"拖到"时间轴"面板"A1"轨道的0秒处，完成剪辑。画面效果如图4-29所示。

图 4-29

知识链接：剪辑的相关操作

1. 在序列中添加剪辑

我们可以通过将"项目"面板中的剪辑片段拖到"时间轴"面板的轨道上，来向序列中添加剪辑。

我们也可以将"源"面板中的剪辑片段直接拖到"时间轴"面板上。如果在剪辑中添加了"入点"标记和"出点"标记，则只有入点和出点之间的剪辑片段会添加到序列中。使用"源"面板底部的"仅拖动视频"按钮 或"仅拖动音频"按钮 ，可以单独将视频或音频拖到序列中，如图4-30所示。

图 4-30

2. 在序列中删除剪辑

如果想删除剪辑并留出空隙，则选中剪辑并按 Backspace 键或 Delete 键。如果想删除当前剪辑并且后面的剪辑依次向前跟进填补空隙，则需要选中剪辑并按组合键 Shift+Delete。

按住 Shift 键的同时依次单击多个剪辑，可以同时选择多个剪辑。

使用"工具"面板中的"向前选择轨道工具" 在视频轨道上单击某剪辑，可选中其后至序列末尾的所有剪辑（包括某剪辑在内）。

按组合键 Ctrl+Z 可撤销前一操作，重复该命令可撤销之前的多个操作。

3. 移动序列中的剪辑

我们在将剪辑添加到序列后，可能需要对它们进行重新排列。要更改序列中剪辑的顺序，

多媒体制作与应用

我们可以通过拖动的方式移动剪辑的位置。被移动的剪辑会留下一个空隙，并且会覆盖新位置上的原有剪辑。

如果按住 Ctrl 键的同时拖动剪辑，则可以将剪辑插入新位置，原有剪辑将依次向右推移。

如果只想选择关联剪辑中的视频或音频，则可以提前对音频和视频剪辑取消链接。单击"时间轴"面板左上角的"链接选择项"按钮，可以对整个序列打开或关闭视频和音频链接。

使用"工具"面板中的"剃刀工具"可将剪辑切割为两个部分。

活动 3　导出视频

视频剪辑合成完毕后，为了便于在视频播放器中观看，需要导出视频。

操作步骤

（1）执行菜单命令"文件→导出→媒体"或使用快捷键 Ctrl+M 来切换至导出模式，如图 4-31 所示。

（2）在打开的"导出设置"对话框中，将"格式"设置为"H.264"，单击"输出名称"选项，可设置输出视频的路径、名称，如图 4-32 所示。单击"导出"按钮，将视频以.mp4 格式导出。

图 4-31

图 4-32

知识链接：视频制作流程

通过以上案例，我们基本了解了在 Premiere 中制作视频的流程，但是前期构思、文案编写等非操作方面的内容也非常重要。通常，视频制作流程如下。

1. 制定脚本和收集素材

要制作一部完整的视频作品，必须要先具备创作构思和素材这两个要素，创作构思是视频作品的灵魂，素材则组成了视频作品的血肉躯干。Premiere 所做的只是将各要素穿插组合成一个连贯的整体。

2. 新建 Premiere 项目

Premiere 数字视频作品之所以称为项目而不是视频产品，其原因是，使用 Premiere 不仅能创建作品还可以管理作品资源及创建和存储字幕、制作转场效果和添加特效。因此 Premiere 文件不仅是一份作品，事实上还是一个项目。在 Premiere 中创建一个数字视频作品的第一步是新建一个项目。

3. 导入收集的素材

在 Premiere 项目中可以导入已经收集整理好的视频、音频和静帧图像，因为它们是数字格式的。

4. 编辑组合素材

在导入素材后，我们要根据需要对素材进行修改，如剪辑多余的片段、修改播放速度和时间长度等。剪辑完成的各段素材需要根据脚本的要求按一定顺序添加到"时间轴"面板的视频轨道中，以便组合成表达主题思想的完整视频。

5. 添加字幕素材

字幕是视频作品中的重要部分，通过字幕人们可以准确地领会视频要表达的主题思想。如果存在字幕素材，则用户可以直接将其导入"项目"面板；如果不存在字幕素材，则用户可以通过创建字幕的方式新建一个字幕素材。

6. 添加视频转场、特效及音频

在编辑视频的过程中，使用视频转场效果能使素材间的连接更加和谐自然。

添加特效可以使视频的视觉效果更加丰富多彩。

根据画面表现的需要，添加合适的音频可以增加表现力，如恰当的背景音乐、旁白和解说等。

7. 生成视频文件

在 Premiere 中编辑好项目文件后需要将其导出，格式为可以用视频播放器播放的格式。

多媒体制作与应用

输出的视频通常是动态的,且带有音效。在输出视频作品之前,应先做好项目的保存工作,并对视频效果进行预览。

任务 4 制作字幕

字幕有助于更好地表达故事情节,是视频作品中重要的信息表达元素,具有补充、说明、强调和美化屏幕的作用。Premiere 的字幕制作功能非常强大,字幕设计功能提供了制作视频作品所需的所有字幕特性。用 Premiere 设计的字幕和图形,可以作为静态标题、滚动字幕或单独的影像添加到视频中。

学习内容

(1)使用"旧版标题"命令添加字幕、编辑字幕。
(2)制作静态字幕。
(3)制作动态字幕。
(4)使用文本工具添加字幕、编辑字幕。

任务情景

小明为团支部做了活动视频后,发现视频的主题思想表达得不够明确、清晰,有必要在视频中添加字幕加以说明。

任务分析

Premiere 软件本身具有非常强大的字幕建立和编辑功能,不仅可以制作静态字幕,还可以制作动态字幕。在旧版软件的字幕功能中,有多种字幕模板可以套用。本任务的思维导图如图 4-33 所示。

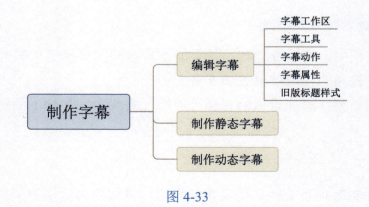

图 4-33

活动 1　制作静态字幕

本活动的目标是为小明的"团活动视频"制作一个静态的标题字幕。

操作步骤

（1）启动 Premiere 软件，打开本案例项目文件"团活动视频.prproj"。

（2）执行菜单命令"文件→新建→旧版标题"，在打开的"新建字幕"对话框中单击"确定"按钮，进入字幕设计窗口。

（3）在字幕工具面板上单击"文字工具"按钮 T，然后在字幕工作区中单击准备输入文字的位置，在光标处输入文字"凝聚青春力量"，回车后在第二行输入"助力乡村建设"。

（4）在字幕工具面板上单击"选择工具"按钮 ▶，选中字幕工作区中的文字，然后在右侧的字幕属性面板上设置相关属性。其中：

"字体"为"黑体"，"字体大小"为"72.0"，"行距"为"32.0"；

在"填充"选项组中，"填充类型"为"斜面"，"高光色"为#FD3333，"阴影色"为#440101；

在"光泽"选项组中，"颜色"为#FFEF59，"透明度"为"100%"，"大小"为"100.0"，"角度"为"348.0°"；

在"外描边"选项组中，"类型"为"深度"，"大小"为"10.0"，"填充类型"为"线性渐变"，左侧颜色为#E87707，右侧颜色为#461101，"角度"为"46.0°"，"重复"为"3.0"；

在"阴影"选项组中，"颜色"为#000000，"透明度"为"54%"，"距离"为"8.0"，"大小"为"9.0"，"扩散"为"37.0"。

最终效果如图 4-34 所示。

（5）在"时间轴"面板上单击选中"V1"轨道，将时间线移到 0 秒处，右击"项目"面板中新生成的"字幕 01"选项，在弹出的快捷菜单中选择"插入"命令，即可将"字幕 01"素材插入项目的开头位置，如图 4-35 所示。

（6）将"字幕 01"在时间轴上的长度设置为 3 秒。

单击"时间轴"面板左上角的播放指示器位置，输入"00：00：03：00"，使时间线位于 3 秒处，然后在"工具"面板上选择"波纹编辑工具" ⇔，将光标置于"时间轴"面板上"字幕 01"素材的末端，当光标变为如图 4-36 所示的形状时按下鼠标左键将光标拖到时间线位置处，使"字幕 01"素材的播放时间为 3 秒。

（7）将音频文件"背景音乐.mp3"从"项目"面板拖到"时间轴"面板"A1"轨道的 0 秒处，保存项目。

至此，静态字幕制作完成。

多媒体制作与应用

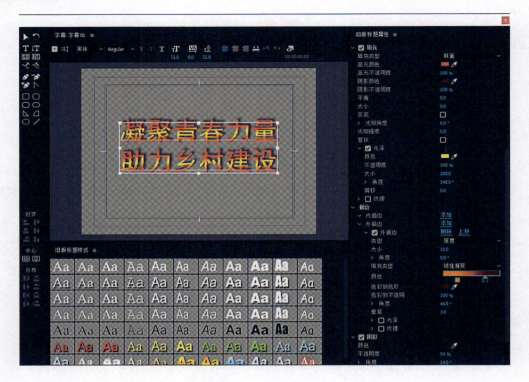

图 4-34

图 4-35

图 4-36

知识链接：字幕设计窗口

我们已经知道，在 Premiere 软件界面中执行菜单命令"文件→新建→旧版标题"就会弹出"新建字幕"对话框，我们可以在该对话框中对字幕命名，如图 4-37 所示。单击"确定"按钮后我们就可以打开 Premiere 的字幕设计窗口了，如图 4-38 所示。

字幕设计窗口共包含 5 个区域，分别是字幕工作区、字幕工具面板、字幕动作面板、字幕属性面板和字幕样式面板。

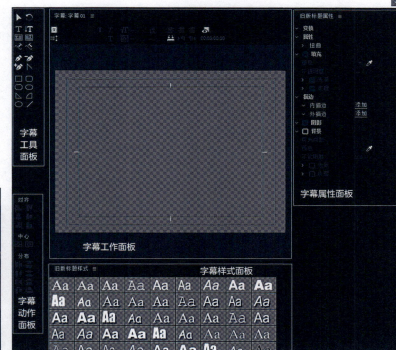

图 4-37　　　　　　　　　　　　　　图 4-38

1. 字幕工作区

字幕工作区可以说是制作字幕的"心脏"，所有被创建的字幕都会显示在字幕工作区中。字幕工作区中的按钮功能如下。

■：单击该按钮可以基于当前字幕新建字幕。

■：单击该按钮可以在弹出的"滚动/游动选项"对话框中设计滚动和游动字幕。

华文_：设置字体，用来浏览字体的样式和选择字幕的字体。

Regular：显示当前字体的样式。

T T T：分别为加粗、倾斜和下画线。

■：分别为左对齐、居中、右对齐和制表符。

■ 00:00:02:00：单击该按钮可将视频中的场景在某时间位置处作为背景显示在字幕工作区中。

2. 字幕工具面板

字幕工具面板中包含字幕设计的基本工具，说明如下。

▶：选择工具。该工具用于选择字幕工作区中创建的字幕或图形对象。如果配合 Shift 键使用，则可以选择多个对象。单击"选择工具"按钮，选择字幕工作区中的字幕，字幕边框会显示出来，此时可以移动该字幕。

↻：旋转工具。该工具用来旋转字幕文本或图形。

T：文字工具。使用该工具可在字幕工作区中创建水平方向的字幕。先单击"文字工具"按钮，再在字幕工作区中单击鼠标左键，在光标处输入文字即可。

IT：垂直文字工具。使用该工具可在字幕工作区中创建垂直方向的字幕。使用方法与"文字工具"相同。

▦：区域文字工具。使用此工具可以在水平方向上一次性地输入多行文本。具体地，单击此工具按钮，然后在字幕工作区中拖出一个矩形文本框，在文本框的光标处输入整段文字即可。

▦：垂直区域文字工具。使用此工具可以在垂直方向上一次性输入多行文本。

✎：路径文字工具。该工具用于输入水平方向上的弯曲路径文本。具体地，单击该工具按钮，当光标处于字幕工作区的合适位置时单击鼠标左键并拖动鼠标，设置文本的显示路径，然后输入文字即可。

✎：垂直路径文字工具。该工具用于在垂直方向上输入弯曲路径文本，使用方法与"路径文字工具"类似。

✎：钢笔工具。该工具用于绘制不规则的图形和调整"路径文字工具"和"垂直路径文字工具"创建出来的路径。单击该按钮，将其移动到文本路径的节点上即可调整文本路径。

✎：添加锚点工具。该工具用于为不规则图形或文本路径添加节点，通常情况下需要与钢笔工具配合使用。

✎：删除锚点工具。该工具用于删除不规则图形或文本路径节点，通常情况下需要与钢笔工具配合使用。

▶：转换锚点工具。该工具用于调节路径的平滑程度。单击该工具按钮，然后单击路径上的节点，此时该节点会出现两个控制柄，拖动控制柄即可调整路径的平滑度。

▢：矩形工具。该工具可以在字幕工作区中绘制矩形，并且用户可以根据需要来设置矩形的填充颜色和描边颜色等属性。如果使用该工具时按住 Shift 键，则可以绘制正方形。

▢：圆角矩形工具，该工具用于绘制圆角矩形，其操作方法与"矩形工具"相同。

其他工具还有切角矩形工具◯、圆矩形工具◯、楔形工具◣、弧形工具◢、椭圆形工具◯和直线工具╱等，它们的操作方法和"矩形工具"类似。

3. 字幕动作面板

利用字幕动作面板可以设置字幕的排列方式。在对字幕排列时，同时选择两个或两个以上的素材才能激活字幕动作面板中的所有按钮。

（1）"对齐"选项组：包含"水平－左对齐""垂直－顶对齐""水平－居中""垂直－居中""水平－右对齐""垂直－底对齐"按钮。

（2）"中心"选项组：将一个或一个以上的对象进行水平或垂直居中排列，如"垂直居中"按钮是将所选择的对象进行垂直方向上的居中排列，"水平居中"按钮是将所选择的对象进行水平方向上的居中排列。

（3）"分布"选项组：将三个或者三个以上的对象进行顶端、居中或底端等方向上的分布排列。

4. 字幕属性面板

字幕属性面板用于设置字幕的属性，其中包括变换、属性、填充、描边、阴影和背景等选项组，如图 4-39 所示。

（1）变换：用于设置字幕的不透明度、位置、高度、宽度和旋转等参数。

（2）属性：用于设置字体系列、字体样式、字体大小、宽高比、行距、字符间距、倾斜等参数。

（3）填充：用于设置文字及形状内部的填充效果，主要包括颜色、不透明度、光泽、纹理等效果。

（4）描边：用于设置文字或形状的描边效果，可分为内描边和外描边两种。

（5）阴影：可为文字及图形添加投影效果。

（6）背景：可针对字幕工作区内的背景部分进行更改处理。

5. 字幕样式面板

在默认情况下，在字幕工作区中输入的文字不具有任何效果，也不附带特殊的字体样式。利用字幕样式面板（"旧版标题样式"面板）可以为字幕快速添加效果，如图 4-40 所示。

在 Premiere Pro 2022 中，还可以通过"效果控件"面板设置文字的各种属性，如图 4-41 所示；或者执行菜单命令"窗口→基本图形"打开"基本图形"面板，同样可以快速设置文字的各种参数，实现多种字幕效果，如图 4-42 所示。

图 4-39

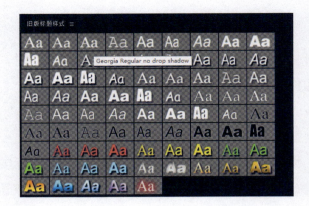

图 4-40

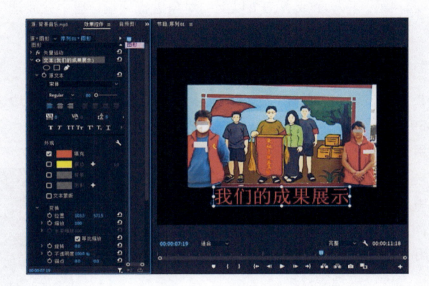

图 4-41

图 4-42

活动 2　制作动态字幕

本活动需要我们为小明的"团活动视频"添加一个滚动字幕。

 操作步骤

（1）启动 Premiere 软件，打开本任务的项目文件。

（2）执行菜单命令"文件→新建→旧版标题"，在打开的"新建字幕"对话框中，单击"确定"按钮，进入字幕设计窗口。

（3）在字幕工具面板上单击"文字工具"按钮 T，然后单击字幕工作区中的合适位置，在文本框光标处输入以下一段文字：

3 月 11 日，数字媒体部平面设计班的同学在班主任老师和任课老师带领下，到黄店镇做助力乡村振兴志愿服务活动。经过两天的奋战，道路东边墙体上共完成了十二幅匠心独具的墙绘作品。文化墙绘不仅让乡村面貌焕然一新，改善了乡村居住环境，还在潜移默化中提升村民的道德素养及精神风貌，让社会主义核心价值观、乡村振兴战略在黄店镇深深扎根。

（4）将该段文字的"字体"设置为"华文细黑"，"字体大小"设置为"37.0"，"颜色"设置为#FF0000，并将文字置于字幕工作区底部，如图 4-43 所示。

（5）在字幕工具面板上单击"选择工具"按钮，选中文本框，然后单击字幕工作区左上方的"滚动/游动选项"按钮，在弹出的对话框中设置好滚动字幕选项，如图 4-44 所示。完成滚动字幕制作后关闭字幕设计窗口。

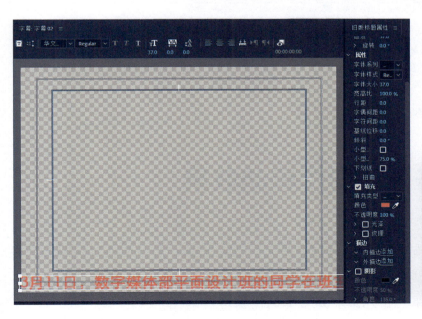

图 4-43

图 4-44

（6）在"项目"面板中将新生成的"字幕 02"素材拖到"时间轴"面板"V2"轨道的"00：

00：03：00"处，使用"工具"面板中的"选择工具"将"字幕02"素材的播放时间延长，与"V1"轨道上的素材结尾对齐。如图4-45所示。

（7）保存项目，导出媒体。完成后视频画面效果如图4-46所示。

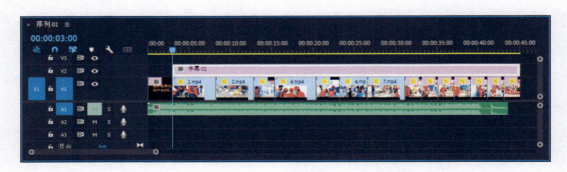

图4-45

图4-46

试一试

请尝试制作一个具有向上滚动效果的动态字幕。

任务5　制作运动效果

Premiere软件虽然不是动画制作软件，但却有强大的运动生成功能，能通过运动控件设置关键帧，轻易地将图像或视频进行移动、旋转、缩放及改变透明度等，可让静止的图像、视频随着时间的变化产生运动效果，使原本枯燥乏味的图像活灵活现。

学习内容

（1）熟悉"效果控件"面板和"运动"选项组。

（2）理解关键帧的作用。

（3）判断对象的运动属性，为对象相应属性添加关键帧。

（4）编辑对象位置、缩放、旋转、不透明度等参数值，为对象制作运动效果。

任务情景

小明在制作视频的过程中，使用了一些图片素材，发现在视频中只按顺序展示图片的话，视频会缺少一些活力和感染力。为此，小明查阅了相关资料，发现在Premiere软件中可以通过设置关键帧实现图片的移动、旋转、缩放及改变透明度等运动效果。

任务分析

当利用Premiere实现某个元素的运动效果时，我们可以通过"效果控件"面板的"运动"选项组来设置相应参数，运动主要有位置、缩放、透明度、旋转或形状的变化。本任务需要了解以下内容：一是"效果控件"面板和"运动"选项组，二是帧和关键帧，三是设置关键帧，四是设置常见的四种运动效果，五是制作对象的运动效果。本任务的思维导图如图4-47所示。

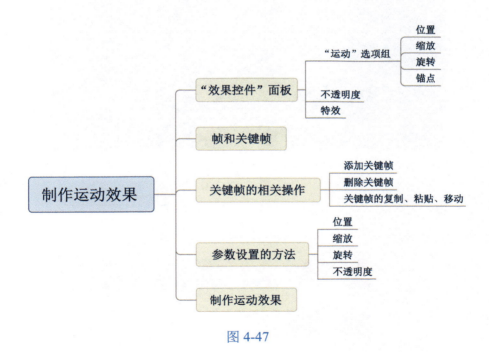

图 4-47

活动1 制作一张图片的运动效果

本活动的目标是制作一张图片的运动效果。

操作步骤

（1）启动 Premiere 软件，新建一个项目文件，项目名称为"运动效果"。

（2）新建序列，名称为"序列 01"，选择"DV-PAL"文件夹下的"标准 48kHz"模式。

（3）执行菜单命令"编辑→首选项→时间轴"，在弹出的"首选项"对话框中设置"静止图像默认持续时间"为 50 帧，如图 4-48 所示。

（4）按组合键 Ctrl+I 打开"导入"对话框，选择需要导入的图片、音频素材，如图 4-49 所示，单击"打开"按钮，即可将素材导入项目。

图 4-48

图 4-49

（5）在"项目"面板上单击"1.jpg"选项，然后在按住 Shift 键的同时单击"9.jpg"选项，选中 9 张图片素材，将它们拖到"时间轴"面板"V1"轨道的 0 秒处，所选素材将按选择顺序依次排列，如图 4-50 所示。

图 4-50

（6）制作图片"1.jpg"的运动效果。

①选中"时间轴"面板上的"1.jpg"素材，打开"效果控件"面板，单击"运动"选项组前面的三角形折叠按钮，展开"运动"选项组，将"缩放"设置为"85.0"。

②将时间线移至 0 秒处，单击"位置"选项前面的"切换动画"按钮，在"00：00：00：00"处设置"位置"为(－334.0,－264.0)，再将时间线移至"00：00：00：12"处，设置"位置"为(360,288)，产生位置移动效果，如图 4-51 所示。

图 4-51

③在"00：00：00：12"处，单击"旋转"选项前面的"切换动画"按钮，设置"旋转"为"0.0°"，再将时间线移至"00：00：00：24"处，设置"旋转"为"30.0°"，产生旋转动画效果，如图 4-52 所示。

④将时间线移至"00：00：01：10"处，单击"不透明度"选项前面的"切换动画"按钮，将"不透明度"设置为"100.0%"，再将时间线移至"00：00：01：24"处，将"不透明度"设置为"0.0%"，产生图像逐渐消失的效果，如图 4-53 所示。

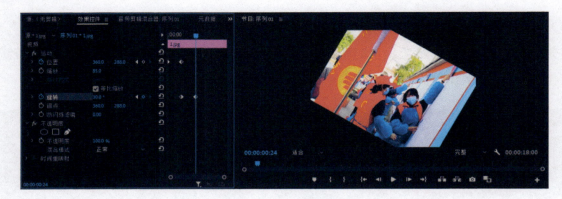

图 4-52

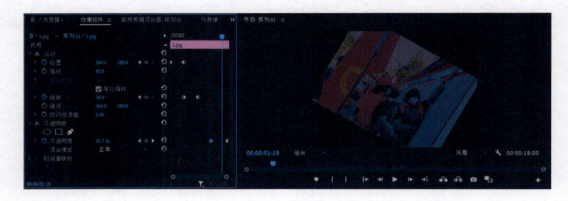

图 4-53

 试一试

1. 位置的设置

将素材添加到轨道中，选择"效果控件"面板中的"运动"选项组，此时"节目"面板（即节目监视器面板）中的素材变为有控制外框的状态，如图 4-54 所示。此时拖动该素材或直接修改"效果控件"面板中的"位置"参数，均可以改变素材的位置。

图 4-54

2. 缩放的设置

选择"效果控件"面板中的"运动"选项组后,"节目"面板中的素材变为有控制外框的状态,当鼠标指针接近边框变为 、 或 时,拖动边框上的尺寸控制点可以调整素材的显示比例,如图 4-55 所示。我们也可以通过修改"效果控件"面板中的"缩放"参数来调整素材的显示比例。如果不勾选"等比缩放"复选框,则可以分别设置素材的高度和宽度比例。

图 4-55

3. 旋转的设置

选择"效果控件"面板中的"运动"选项组后,"节目"面板中的素材变为有控制外框的状态,将鼠标指针移动到素材上控制点附近,当鼠标指针变为 时,可以拖动鼠标旋转素材,如图 4-55 所示。

在"效果控件"面板中,我们也可以通过设置"旋转"参数来对素材进行任意角度的旋转。当旋转的角度超过 360°时,系统以旋转一圈来标记角度,如"360°"表示为"1x0.0°";当素材进行逆时针旋转时,系统标记为负的角度。

"锚点"选项控制素材旋转时的轴心点。

4. 不透明度的设置

"不透明度"参数虽然不包括在"运动"选项组中,但是对象的不透明度动画效果也属于对象的基本运动,常用于代替视频转场,用来控制影片在屏幕上的可见度,应用非常广泛。在"效果控件"面板中,展开"不透明度"选项组,设置参数值便可以修改素材的不透明度。当素材的"不透明度"为 100%时,素材完全不透明;当素材的"不透明度"为 0%时,素材完全透明,此时可以显示出其下层的图像。

知识链接:"效果控件"面板和"运动"选项组

1."效果控件"面板

"效果控件"面板是 Premiere 中常用的面板。执行菜单命令"窗口→效果控件"可打开该面板。该面板中包括两部分内容,一部分是对象基本属性的设置,包括"运动""不透明度""时间重映射",另一部分是对象所应用的特效及其参数的设置,如图 4-56 所示。

2."运动"选项组

在"效果控件"面板中,单击"运动"选项组前边的三角形按钮 展开运动控件,其中包含了"位置""缩放""旋转""锚点"等基本属性。我们也可在"运动"选项组下面设置"不透明度","不透明度"也是对象的基本属性。

位置：由水平和垂直参数来定位对象在"节目"面板中的位置。

缩放：控制对象的大小。

旋转：控制对象在"节目"面板中的角度。

锚点：对象旋转或缩放时的坐标中心。

不透明度：对象的不透明程度，可以通过百分比来设置。

图 4-56

活动 2　制作多张图片的运动效果

本活动的目标是在一张具有运动效果图片的基础上，复制编辑多张图片，使它们具有运动效果。

 操作步骤

（1）将图片"1.jpg"的运动效果复制应用到图片"2.jpg"上，并对"2.jpg"图片的进入位置与旋转角度进行调整。

①单击选中"时间轴"面板上的图片"1.jpg"，单击鼠标右键，在弹出的快捷菜单中选择"复制"命令，如图 4-57 所示。然后，选中图片"2.jpg"，单击鼠标右键，在弹出的快捷菜单中选择"粘贴属性"命令，并在"粘贴属性"对话框中进行设置，如图 4-58 所示，可将应用于图片"1.jpg"的属性（缩放、运动、不透明度等）应用到图片"2.jpg"上。

图 4-57

图 4-58

②将时间线移至"00:00:02:00"处,选中图片"2.jpg",在"效果控件"面板上单击选中"运动"选项组,如图 4-59 所示。然后,在"节目"面板中,将左上方的图像框拖至右上方,如图 4-60 所示,使图片"2.jpg"从右上方运动进入画面中央。

③在"效果控件"面板上单击"旋转"选项右侧的"转到下一关键帧"按钮,如图 4-61 所示。使时间线处于"旋转"参数右侧的第 2 个关键帧上,即时间线位于"00:00:02:24"处,将"旋转"参数改为-30.0°,使图片"2.jpg"向右旋转 30°,如图 4-62 所示。

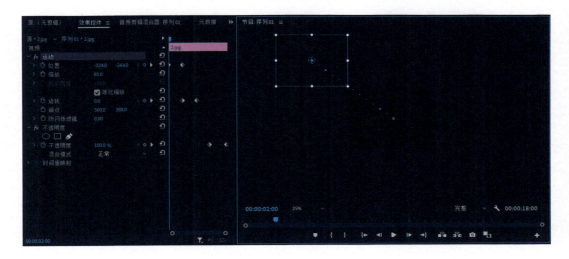

图 4-59

多媒体制作与应用

图 4-60

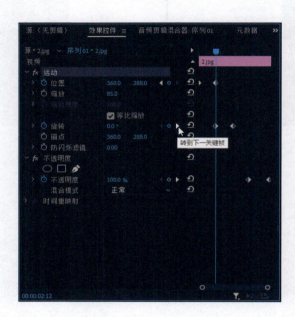

图 4-61

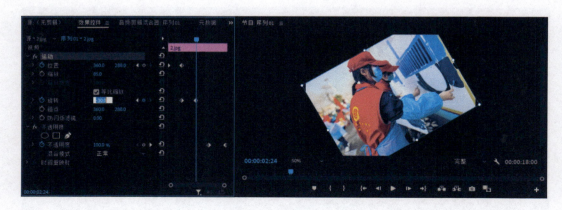

图 4-62

（2）重复步骤（1），完成图片"3.jpg"～"8.jpg"运动效果的制作。

(3)选中"时间轴"面板上的图片"9.jpg",在"效果控件"面板中,将时间线移至"00:00:16:00"处,单击"缩放"选项前面的"切换动画"按钮,设置"缩放"为"600.0",再将时间线移至"00:00:16:12"处,设置"缩放"为"100.0",制作缩放动画效果。

(4)保存项目,导出媒体。完成后的作品画面如图 4-63 所示。

图 4-63

知识链接:帧和关键帧的操作

在 Premiere 中实现对象的运动效果离不开对关键帧的设置。

帧是视频作品中单幅影像的画面,也是最小的计量单位。视频作品是由一张张连续的图片组成的,每张图片就是一个画面、一帧。PAL 制式视频每秒可播放 25 帧画面,NTSC 制式视频每秒可播放 29.97 帧画面。

表示关键状态的帧叫作关键帧。运动效果是利用关键帧技术对素材进行位置、动作或透明度等相关参数设置产生的。关键帧动画可以是视频素材的运动变化、特效参数变化、透明度变化及音频素材的音量变化等。当使用关键帧创建随时间变换而发生改变的动画时,必须使用至少两个关键帧,一个定义开始状态,另一个定义结束状态。

1. 添加关键帧

添加必要的关键帧是制作运动效果的前提。要为素材添加关键帧,首先应当将素材添加到视频轨道中,用"选择工具"选中素材,然后打开"效果控件"面板,展开"运动"选项组。将时间线移到需要添加关键帧的时间点,在"效果控件"面板中设置相应选项的参数。以"位置"选项为例,单击"位置"选项左侧的"切换动画"按钮,系统会自动在当前时间点添加一个位置关键帧,此时间点设置的"位置"参数值被记录在第一个关键帧中;将时间线移到需要添加关键帧的第二个时间点,然后修改"位置"参数值,系统将自动添加第二个关键帧,位置参数值被自动记录到第二个关键帧中。用同样的方法可以添加更多的关键帧,

多媒体制作与应用

如图 4-64 所示。

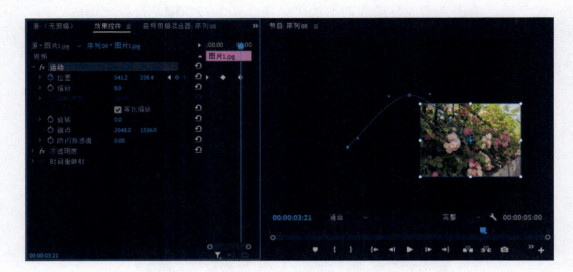

图 4-64

2. 删除关键帧

选中需要删除的关键帧，按 Delete 键或 Backspace 键即可删除关键帧。

将时间指针移到需要删除的关键帧处，单击"添加/移除关键帧"按钮，也可以删除关键帧。

要删除某选项（如"位置"选项）所对应的所有关键帧，可单击该选项左侧的"切换动画"按钮，此时会弹出如图 4-65 所示的"警告"对话框，单击"确定"按钮后可删除该选项对应的所有关键帧。

图 4-65

3. 复制、粘贴和移动关键帧

在"效果控件"面板中，选择需要复制的关键帧，执行菜单命令"编辑→复制"，或者单击鼠标右键，在弹出的快捷菜单中选择"复制"命令，如图 4-66 所示；然后将时间线移动到需要复制关键帧的位置，执行菜单命令"编辑→粘贴"，或者单击鼠标右键，在弹出的快捷菜单中选择"粘贴"命令，如图 4-67 所示。这样就可以完成关键帧的复制操作了。移动关键帧的时候，选择一个关键帧或按住 Shift 键的同时选择多个关键帧，将其拖到新的时间位置即可，并且各关键帧之间的距离保持不变。

项目 4　视频制作

图 4-66

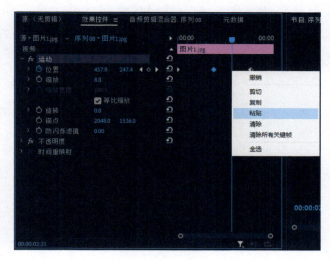

图 4-67

任务 6　添加视频转场

视频转场也称为视频切换或视频过渡，主要用于素材场景的变换。在影视作品的制作过程中，将转场添加到相邻的两个素材之间能够使素材之间产生较为平滑、自然的过渡效果，可以增强视觉连贯性，更加鲜明地表现出素材与素材之间的层次感和空间感，进一步增强影片的艺术感染力。

学习内容

（1）为视频添加转场效果。
（2）编辑转场效果，设置相关参数。
（3）了解视频转场类别，熟悉常用的视频转场用法。
（4）根据视频制作需要为素材添加转场效果。

任务情景

小明在参考网上的一些视频效果的时候，发现有些视频之间的过渡效果做得很有特色。为此，小明查阅了相关书籍，发现视频间的过渡也称为转场，是视频制作的重要内容。我们可以根据视频的氛围添加不同的转场效果。

任务分析

Premiere Pro 2022 提供了 10 个大类的视频转场，每个大类又包含多种具体的效果，恰当地运用这些转场效果，可以使视频过渡平滑自然，增强视觉连贯性。本任务需要了解以下内容：一是添加和编辑视频转场的方法，二是通过转场营造不同的视觉效果。本任务的思维导图如图 4-68 所示。

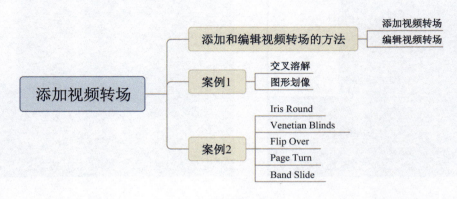

图 4-68

活动 1　制作"午后的蔷薇花海"转场

本活动的目标是对手机拍摄的素材进行剪辑和添加转场。

 操作步骤

（1）启动 Premiere Pro 2022，进入项目界面，单击"新建项目"按钮，弹出"新建项目"对话框，设置"位置"参数，选择文件保存路径，在"名称"文本框中输入项目名称"午后的蔷薇花海"，单击"确定"按钮。

（2）按组合键 Ctrl+N，弹出"新建序列"对话框，选择"设置"选项卡，"编辑模式"设置为"自定义"，"时基"设置为"30.0 帧/秒"，"帧大小"设置为"720×1280"，"像素长宽比"设置为"方形像素（1.0）"，如图 4-69 所示，单击"确定"按钮新建"序列 01"。

（3）在"项目"面板空白处双击鼠标左键，弹出"导入"对话框，导入素材文件"花海 1.mp4""花海 2.mp4""图片 1.jpg""图片 2.jpg""music.mp3"，导入后的文件排列在"项目"面板中，如图 4-70 所示。

（4）在"项目"面板中选择"花海 1.mp4"素材并将其拖到"时间轴"面板"V1"轨道的 0 秒处，在弹出的"剪辑不匹配警告"对话框中单击"保持现有设置"按钮。在"时间轴"面板的素材上单击鼠标右键，在弹出的快捷菜单中选择"缩放为帧大小"命令，如图 4-71 所示，使素材与序列画面大小相适应。

（5）选择"工具"面板上的"剃刀工具"，在"花海 1.mp4"素材的"00：00：02：13"位置处单击鼠标左键，将素材在此处截断，如图 4-72 所示，并把前面的视频部分用"选择工具"选中，按"Delete"键删除，删除后如图 4-73 所示。

（6）再用"剃刀工具"将"花海 1.mp4"素材在"00：00：12：06"位置处截断，如图 4-74 所示，把后面的部分用"选择工具" ▶ 选中，按 Delete 键删除。

（7）用"选择工具" ▶ 选中时间轴上编辑过的"花海 1.mp4"视频，将其向前拖到"V1"轨道的 0 秒处，如图 4-75 所示。

图 4-69

图 4-70

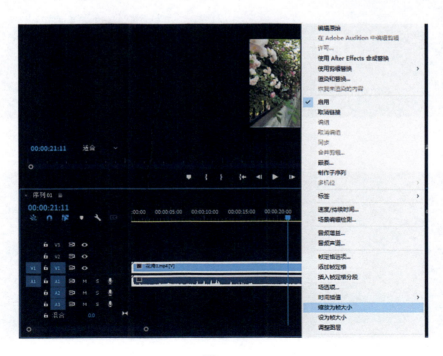

图 4-71

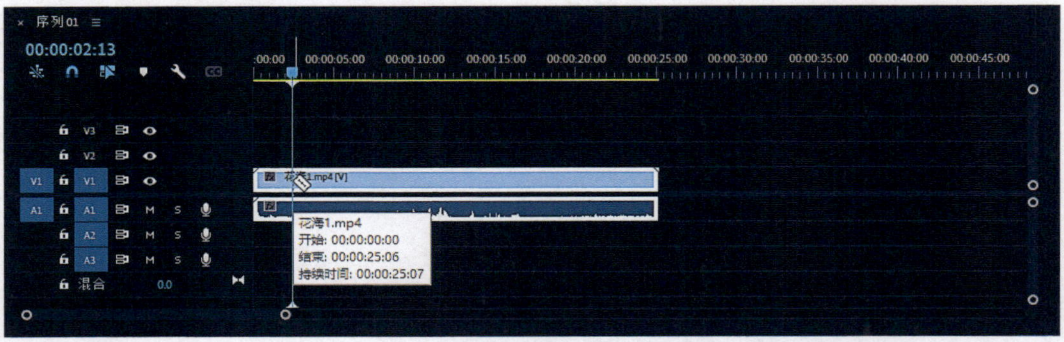

多媒体制作与应用

图 4-72

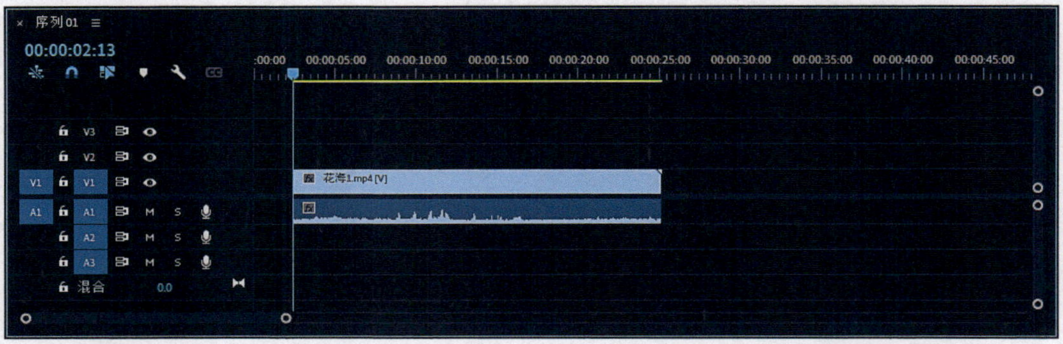

图 4-73

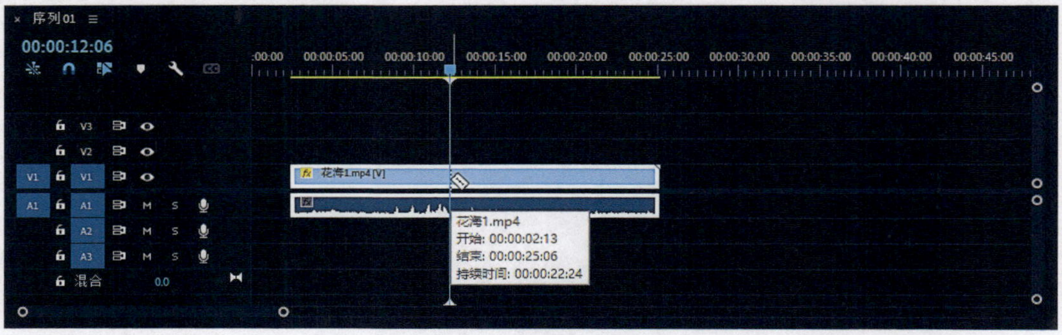

图 4-74

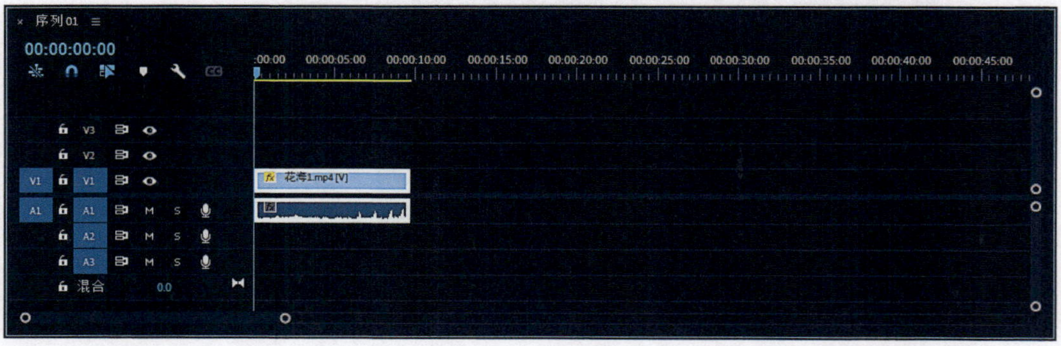

图 4-75

(8)将"项目"面板中的"图片 1.jpg"素材拖入"时间轴"面板,置于"花海 1.mp4"素材的结尾处,如图 4-76 所示。

图 4-76

(9)在"时间轴"面板的"图片 1.jpg"素材上单击鼠标右键,在弹出的快捷菜单中选择"速度/持续时间"命令,然后在弹出的对话框中将持续时间设置为"00:00:03:00",如图 4-77 所示。在"效果控件"面板中,设置"图片 1.jpg"素材的"缩放"为"42.0",如图 4-78 所示。

图 4-77

图 4-78

(10)在"项目"面板中,双击"花海 2.mp4"素材选项,在"源"面板中预览视频素材,在"00:00:00:00"处设置"标记入点",在"00:00:07:08"处设置"标记出点",如图 4-79 所示,并将编辑后的"花海 2.mp4"素材从"源"面板拖到"时间轴"面板"图片 1.jpg"素材的后面,如图 4-80 所示。

(11)将"项目"面板中的"图片 2.jpg"拖入"时间轴"面板,置于"花海 2.mp4"素材的结尾处,并按步骤(9)中的方法将图像的持续时间调整为 3 秒,将"缩放"设置为"42.0"。

（12）用"选择工具" 选中"时间轴"面板上的"花海 1.mp4"素材，单击鼠标右键，在弹出的快捷菜单中选择"取消链接"命令，如图 4-81 所示，再单击选中"时间轴"面板上原"花海 1.mp4"素材的音频对象，按 Delete 键删除。

图 4-79

图 4-80

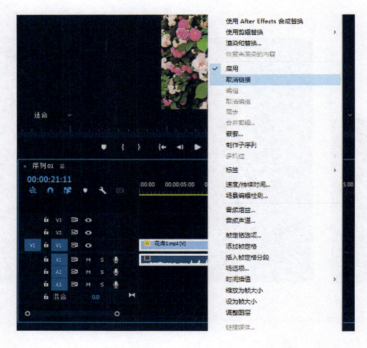

图 4-81

（13）用同样的方法删除"时间轴"面板上"花海 2.mp4"素材的原有音频。

（14）执行菜单命令"窗口→效果"，打开"效果"面板，展开"视频过渡"文件夹，选择"溶解"子文件夹下的"交叉溶解"效果并将其拖到"花海 1.mp4"和"图片 1.jpg"两个素材的交界处，如图 4-82 所示。

项目 4　视频制作

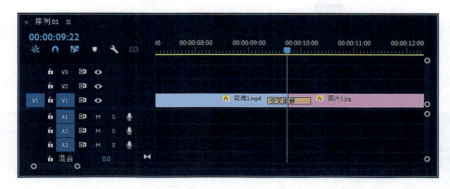

图 4-82

（15）选择"Iris"子文件夹下的"Iris Round"效果并将其拖到"图片 1.jpg"和"花海 2.mp4"两个素材的交界处，如图 4-83 所示。

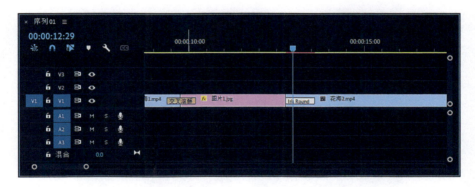

图 4-83

（16）单击图 4-83 中的转场标记"Iris Round"，打开"效果控件"面板，将"Iris Round"效果的"对齐"设置为"中心切入"，如图 4-84 所示，使转场标记置于两个素材之间。

图 4-84

（17）将"视频过渡"文件夹中的"交叉溶解"效果分别应用到"花海 2.mp4"和"图片 2.jpg"两个素材的交界处、"花海 1.mp4"素材的开头处、"图片 2.jpg"素材的结尾处，如图 4-85 所示。

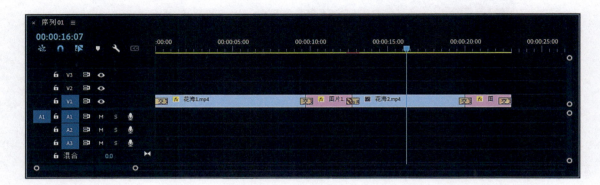

图 4-85

（18）将"项目"面板中的"music.mp3"素材拖到"时间轴"面板"A1"轨道的 0 秒处。
（19）保存项目，导出媒体。完成后的画面效果如图 4-86 所示。

图 4-86

知识链接：添加和编辑视频转场

1. 添加视频转场

Premiere 的视频转场效果包含在"效果"面板中，执行菜单命令"窗口→效果"即可打开"效果"面板，"效果"面板中有一个"视频过渡"文件夹，里面包含 Premiere 软件提供的几十种过渡效果，如图 4-87 所示。如果要在两个视频之间添加"交叉溶解"转场，则可以将"效果"面板中的"视频过渡"文件夹展开，再展开"溶解"文件夹，选中其下的"交叉溶解"

选项，并将其拖到"时间轴"面板视频序列的两个视频交界处，这时交界处就会出现转场标记，如图 4-88 所示。

图 4-87

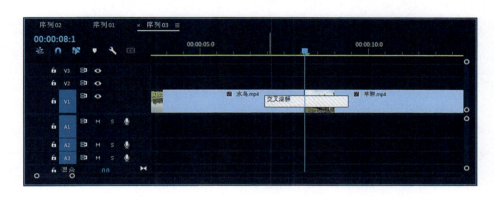

图 4-88

提示：
转场可以添加到相邻的两段视频素材或图像素材之间，也可以添加到一段素材的开头或结尾处。

2. 编辑视频转场

对素材添加转场后，双击视频轨道上的转场标记就可以打开"效果控件"面板设置视频转场的各项参数了，如图 4-89 所示。以"交叉溶解"转场为例，在"效果控件"面板中重新设置过渡效果的开始、结束时间点及持续时间，以及视频转场的对齐位置（中心切入、起点切入、终点切入）等。

多媒体制作与应用

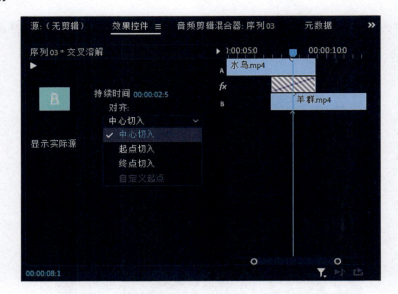

图 4-89

在"时间轴"面板中选中转场标记,按 Delete 键可以将其删除。将其他转场效果拖到原有转场标记上,可替换原有效果。替换的转场效果将具有与原有效果相同的持续时间与时间点。

最常见的转场特效就是"交叉溶解"。观察"交叉溶解"在两个视频之间的转换,即前一个视频画面逐渐消失、后一个视频画面逐渐出现。如果将"交叉溶解"效果添加到视频的开头,则出现"淡入"效果;如果将"交叉溶解"效果添加到视频的结尾,则出现"淡出"效果。这是视频展现的常用技法,可以让人在视觉上逐渐适应画面变化。

提示:

淡入是指下一段落第一个镜头的画面逐渐显现,直至亮度正常;淡出是指上一段落最后一个镜头的画面逐渐隐去,直至黑场。

活动 2 制作"乡村见闻"转场

本活动的目标是进一步运用转场效果美化视频。

操作步骤

(1)启动 Premiere 软件,进入项目界面,单击"新建项目"按钮,弹出"新建项目"对话框,在"名称"文本框中输入文件名"乡村见闻",单击"确定"按钮。

(2)按组合键 Ctrl+N,弹出"新建序列"对话框,在左侧的列表框中选择"DV-PAL"选项并展开文件夹选择其下的"标准 48kHz"模式,单击"确定"按钮,新建"序列 01"。

(3)在"项目"面板空白处双击鼠标左键,在弹出的"导入"对话框中,按住 Ctrl 键的同时分别选择"乡村图片.jpg""人物 1.mp4""人物 2.mp4""炊烟.mp4""水鸟.mp4""羊群.mp4"

"鸭子.mp4""music.mp3"文件，单击"打开"按钮，导入素材。导入的素材显示在"项目"面板中，如图 4-90 所示。

图 4-90

（4）选中"项目"面板中的"乡村图片.jpg"素材选项，然后按住 Ctrl 键的同时依次单击"水鸟.mp4""羊群.mp4""鸭子.mp4""人物 1.mp4""人物 2.mp4""炊烟.mp4"素材选项，将它们一起拖到"时间轴"面板"V1"轨道上的 0 秒处，如图 4-91 所示。

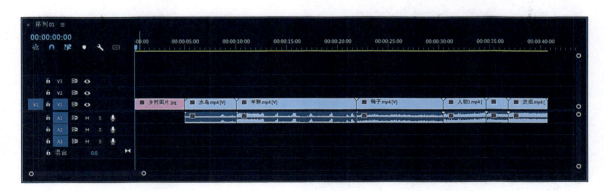

图 4-91

（5）在"时间轴"面板的"乡村图片.jpg"素材上单击鼠标右键，在弹出的快捷菜单中选择"缩放为帧大小"命令，如图 4-92 所示，使素材画面与帧大小相适应。然后，依次对"水鸟.mp4""羊群.mp4""鸭子.mp4""人物 1.mp4""人物 2.mp4""炊烟.mp4"素材使用"缩放为帧大小"命令，使素材画面与帧大小相适应。

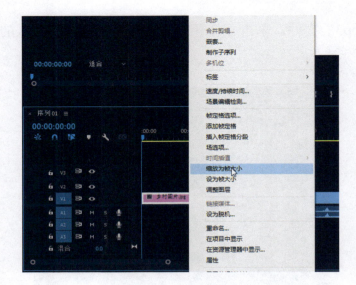

图 4-92

（6）用"选择工具"框选"时间轴"面板上的所有视频对象，单击鼠标右键，在弹出的快捷菜单中选择"取消链接"命令，如图 4-93 所示。框选"A1"轨道上的所有音频对象，按 Delete 键删除原视频所带的音频。

图 4-93

（7）执行菜单命令"文件→新建→旧版标题"，进入字幕设计窗口。

（8）在字幕设计窗口中，选择"文字工具"，然后在字幕工作区中的合适位置单击鼠标左键，在光标处输入文字"乡村见闻"。

（9）在字幕工具面板上选择"选择工具" ，选中字幕工作区中的文字，然后在字幕样式面板中选择心仪的样式，如图 4-94 所示。将"字体"重新设置为"华文行楷"，字幕效果如图 4-95 所示。最后，关闭字幕设计窗口。

图 4-94

图 4-95

（10）将"项目"面板中新建的"字幕 01"素材拖到"时间轴"面板"V2"轨道的 0 秒处，将时间线移至"00：00：03：00"处，选择"工具"面板中的"选择工具" ，然后将光标置于"时间轴"面板上"字幕 01"素材的末端，当光标变形时（见图 4-96），按下鼠标左键并将光标拖到时间线位置，使"字幕 01"素材的播放时间为 3 秒。

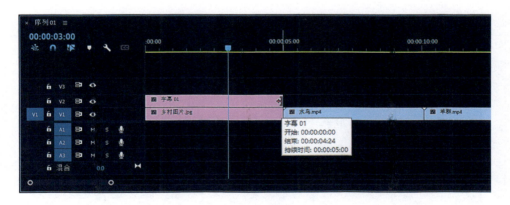

图 4-96

（11）选择"工具"面板上的"波纹编辑工具" ，然后将光标置于"时间轴"面板"乡村见闻.jpg"素材的末端，当光标变形时（见图 4-97），按下鼠标左键并将光标拖到时间线位置，使"乡村见闻.jpg"素材的播放时间同样为 3 秒。

（12）将时间线移至"00：00：14：00"处，使用"工具"面板中的"剃刀工具" 将"羊群.mp4"素材切割成两个片段，如图 4-98 所示。

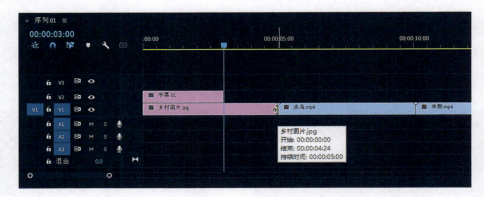

图 4-97

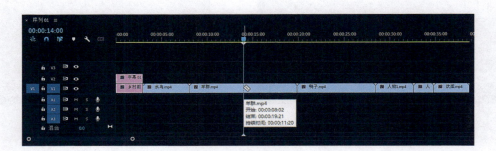

图 4-98

（13）执行菜单命令"编辑→首选项→时间轴"，打开"首选项"对话框，选择"时间轴"选项，将"视频过渡默认持续时间"设置为 25 帧，如图 4-99 所示。

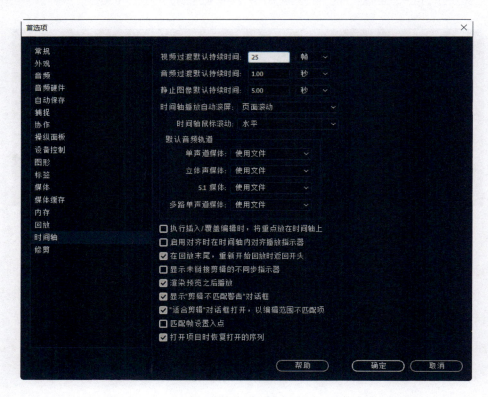

图 4-99

（14）执行菜单命令"窗口→效果"，打开"效果"面板，选择"视频过渡"文件夹下"交叉溶解"过渡效果并将其拖到"时间轴"面板"字幕01"素材的结尾处，如图4-100所示。

图 4-100

（15）同样地，将"交叉溶解"过渡效果拖到"时间轴"面板"乡村图片.jpg"素材的结尾处。如果放置的位置不准确（见图4-101），则单击"乡村图片.jpg"与"水鸟.mp4"之间的"交叉溶解"转场标记，打开"效果控件"面板，将"对齐"参数设置为"终点切入"（见图4-102），即可将"交叉溶解"过渡效果置于"乡村图片"的结尾处。

（16）设置素材及素材间的转场效果，具体如下：

将"Iris/Iris Round"过渡效果拖入"时间轴"面板，放置在"水鸟.mp4"和"羊群.mp4"素材之间；

将"内滑/急摇"过渡效果拖入"时间轴"面板，放置在两个"羊群.mp4"素材片段之间；

将"Wipe/Venetian Blinds"过渡效果拖入"时间轴"面板，放置在"羊群.mp4"和"鸭子.mp4"素材之间；

将"3D Motion/Flip Over"过渡效果拖入"时间轴"面板，放置在"鸭子.mp4"和"人物1.mp4"素材之间；

将"Page Peel/Page Turn"过渡效果拖入"时间轴"面板，放置在"人物1.mp4"和"人物2.mp4"素材之间；

将"Slide/Band Slide"过渡效果拖入"时间轴"面板，放置在"人物2.mp4"和"炊烟.mp4"素材之间；

将"溶解/黑场过渡"过渡效果拖入"时间轴"面板，放置在"炊烟.mp4"素材结尾处。

此时，"时间轴"面板及效果如图4-103所示。

（17）将"项目"面板中的"music.mp3"音频素材拖到"时间轴"面板"A1"轨道的0秒处。

（18）保存项目，导出媒体。完成后的画面效果如图4-104所示。

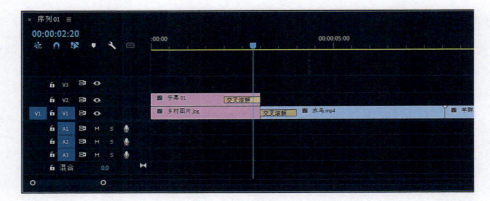

图 4-101

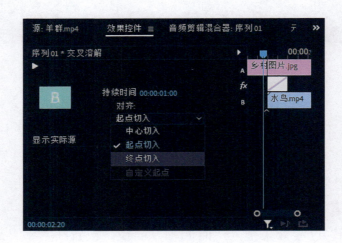

图 4-102

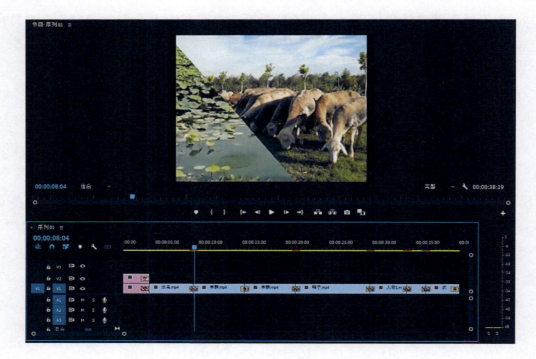

图 4-103

图 4-104

试一试

试着将"Wipe"(擦除)类的多种转场效果添加到两个素材之间,体会同一类别下不同转场效果的特点。

任务 7　制作发光文字

在视频作品的后期制作过程中,添加相应的特效可以使其充满生趣,不仅能提高视频质量,还能使视频变得更加独特。同时,借助于视频特效,我们还可以实现许多现实生活中无法出现的特技场景。例如,利用视频特效产生各种发光效果。本任务将为文字添加发光效果,使文字更加美观,具有更强的视觉表现力。

学习内容

(1)为视频添加特效。
(2)调整特效参数,制作出相应的效果。
(3)在特效命令中设置关键帧。
(4)通过制作发光文字来了解视频特效的应用方法。

任务情景

小明在制作视频的时候,发现视频的标题文字既没有动画又没有修饰,效果单调,不够突出。小明想借助视频特效给文字加一个动态发光效果,以增强视频标题文字的表现力。

任务分析

Premiere Pro 2022 中提供了几十种视频效果,这些效果按类型分布在多个文件夹内。本任务需要了解以下内容:一是添加和编辑视频特效,二是设置特效关键帧,三是通过制作发光文字来了解视频特效的应用。本任务的思维导图如图 4-105 所示。

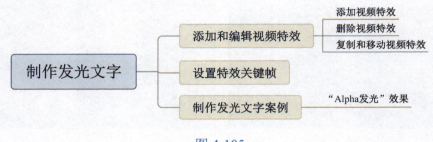

图 4-105

操作步骤

（1）启动 Premiere，打开项目文件"文字发光.prproj"。

（2）打开"效果"面板，选择"视频效果/风格化/Alpha 发光"效果（见图 4-106），将其拖到"时间轴"面板"字幕 01"素材上，效果如图 4-107 所示。

图 4-106

图 4-107

（3）打开"效果控件"面板，设置"Alpha 发光"效果的参数。将"发光"设置为"10"，"起始颜色"设置为#FFE400，"结束颜色"设置为#FF0000，勾选"使用结束颜色"和"淡出"复选框，如图 4-108 所示。

（4）设置特效关键帧。将时间线移至"00：00：00：00"处，单击"发光"选项前的"切换动画"按钮，为其添加关键帧；将时间线移至"00：00：00：16"处，将"发光"参数设置为"100";将时间线移至"00:00:02:05"处,单击"发光"参数右侧的"添加/移除关键帧"按钮，添加关键帧;最后将时间线移至"00:00:03:08"处,将"发光"参数设置为"10",如图4-109所示。

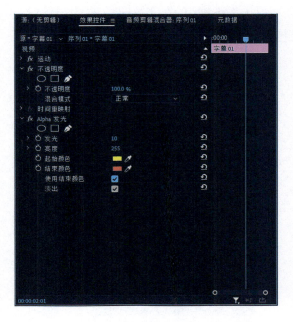

图 4-108

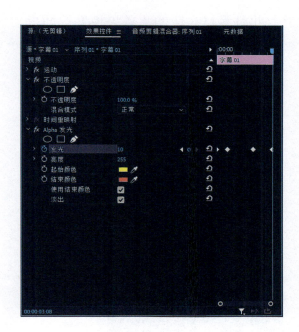

图 4-109

(5)保存项目,导出媒体。完成后的画面效果如图4-110所示。

图 4-110

知识链接:添加和编辑视频特效

1. 添加视频特效

在 Premiere 中,可以为同一段素材添加一个或多个视频特效。Premiere 中的视频特效包含在"效果"面板的"视频效果"文件夹内,"效果"面板可以通过执行菜单命令"窗口→效果"打开,如图4-111所示。

多媒体制作与应用

在"效果"面板中,单击"视频效果"文件夹前的折叠按钮,可展开"视频效果"文件夹,单击某个特效类型子文件夹前的折叠按钮,可查看该特效类型下的多个具体特效,如图 4-112 所示。添加视频特效的时候,可将具体的特效拖到视频轨道中需要添加特效的素材上,此时素材对应的"效果控件"面板上会自动添加该视频特效的选项。如图 4-113 所示是素材添加了"图像控制/黑白"特效后的"效果控件"面板。

图 4-111

图 4-112

2. 删除视频特效

删除视频特效可以采用以下两种常用方法:一是在"效果控件"面板中选中需要删除的视频特效,然后按 Delete 键或 Backspace 键;二是在"效果控件"面板中右击需要删除的视频特效,在弹出的快捷菜单中选择"清除"命令,如图 4-114 所示。

3. 复制和移动视频特效

在"效果控件"面板中,选中某个视频特效,使用"编辑"菜单中的"复制""剪切""粘贴"命令,可以复制或移动该视频特效到其他素材上。

4. 编辑特效关键帧

在素材上添加特效后,特效命令中往往包含一个或多个参数,这些参数的变化可以使素材产生不同的动态效果,称之为特效关键帧。编辑特效关键帧的具体方法是:单击某视频特效参数选项前面的"切换动画"按钮 ◯,为素材在当前时间位置添加一个特效关键帧,拖动时间线到新的位置,再修改该选项的参数,系统会自动将本次修改添加为关键帧。如图 4-115 所示,即为"黑白"特效下的"蒙版路径"选项添加了 2 个关键帧。

要删除已添加的特效关键帧,可以选中关键帧后按 Delete 键;或者右击该关键帧,在弹出的快捷菜单中选择"清除"命令。

图 4-113

图 4-114

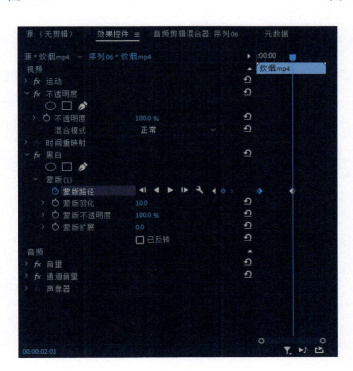

图 4-115

任务 8 制作画中画

在 Premiere 视频特效中,"扭曲"类视频特效可以使素材画面产生多种不同的形变效果,这值得我们探索和研究。例如,"波形弯曲"特效可以使素材产生波浪状的变形;"球面化"特效可以使素材以球面化的状态显示;"放大"特效可以对素材的局部区域进行放大处理,如同使用放大镜一样;等等。本任务将利用"边角定位"效果制作一个常见的画中画效果。

学习内容

(1)熟悉"边角定位"效果的用法,制作四边形区域内的画中画效果。
(2)进一步了解"扭曲"类视频特效中的常用效果。
(3)了解实现画中画效果的其他方法。

任务情景

小明在参考网上视频的时候,发现全屏播放一个视频的同时,在画面的小面积区域上会同时播放另一个视频,这种画中画效果被广泛用于电视、录像、监控、演示设备等。画中画效果是如何实现的呢?

任务分析

在 Premiere 中,实现画中画效果的方法有很多。本任务将利用"扭曲"类视频特效下的"边角定位"效果制作一个四边形区域内的画中画效果,然后进一步介绍"扭曲"类视频特效中的常用效果,以及实现画中画效果的其他方法。本任务的思维导图如图 4-116 所示。

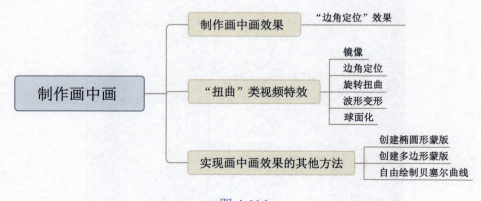

图 4-116

活动 1　制作画中画效果

操作步骤

（1）启动 Premiere 软件，进入项目界面，单击"新建项目"按钮，弹出"新建项目"对话框，在"名称"文本框中输入文件名"画中画效果"，单击"确定"按钮。

（2）按组合键 Ctrl+N，弹出"新建序列"对话框，在"设置"选项卡中进行设置，"编辑模式"为"自定义"，"时基"为"25 帧/秒"，"画面大小"为"1000px×570px"，"像素长宽比"为"方形像素（1.0）"，设置完后单击"确定"按钮。

（3）在"项目"面板空白处双击鼠标左键，弹出"导入"对话框，导入素材文件"电视.jpg"和"视频.mp4"。

（4）将"项目"面板中的素材"电视.jpg"拖入"时间轴"面板"V1"轨道的 0 秒处，将素材"视频.mp4"拖入"时间轴"面板"V2"轨道的 0 秒处。

（5）选择"工具"面板中的"选择工具"，当鼠标形状如图 4-117 所示时，在"时间轴"面板的"电视.jpg"素材末尾处，按下鼠标左键向右拖动，使图片的播放时间与"V2"轨道上的视频素材一致，如图 4-118 所示。

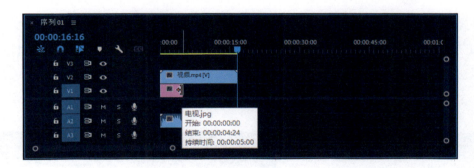

图 4-117

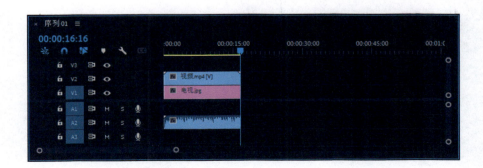

图 4-118

（6）打开"效果"面板，在搜索框中输入"边角"二字，可快速找到"扭曲"类别下的

"边角定位"效果,如图 4-119 所示。将其拖到"时间轴"面板"V2"轨道的"视频.mp4"素材上。

图 4-119

(7)选中"时间轴"面板上的视频素材,打开"效果控件"面板,选中"边角定位"效果选项,如图 4-120 所示,这时在"节目"面板中可以观察到视频素材画面 4 个顶角的"■"标记。用鼠标拖动"■"标记,可调整视频画面顶角的位置,使视频画面形状发生变化(需要注意的是,这 4 个顶角标记的位置与"边角定位"效果下的 4 个参数"左上""右上""左下""右下"的值一致)。经过调整,视频画面形状与"图片"素材中的"电视"相一致,如图 4-121 所示。

(8)保存项目,导出媒体。完成后的画面效果如图 4-122 所示。

图 4-120

图 4-121

图 4-122

知识链接:"扭曲"类视频特效

"扭曲"类视频特效可以创建出多种变形效果,包括 Lens Distortion(镜头扭曲)、偏移、变形稳定器、变换、放大、旋转扭曲、果冻效应修复、波形变形、湍流置换、球面化、边角定位和镜像等,如图 4-123 所示。

1. Lens Distortion(镜头扭曲)

镜头扭曲效果可以使画面沿水平轴和垂直轴扭曲变形,参数设置及图像效果如图 4-124 所示。

2. 偏移

偏移效果可以调整素材的上下或左右的偏移。

3. 变形稳定器

变形稳定器效果用来消除因摄像机移动而产生的抖动感,使画面更加平稳。

图 4-123

图 4-124

4. 变换

变换效果可以对图像的锚点、位置、尺寸、透明度、倾斜度和快门角度等进行综合调整，产生扭曲效果。

5. 放大

放大效果可以使素材产生类似放大镜的扭曲变形效果。

6. 旋转扭曲

旋转扭曲效果可以使素材产生沿指定中心旋转变形的效果，参数设置及图像效果如图 4-125 所示。

7. 果冻效应修复

果冻效应修复效果能够去除因视频素材扫描线时间延迟而产生的果冻效应扭曲的伪像。

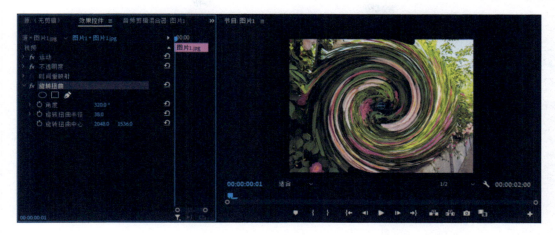

图 4-125

8. 波形变形

波形变形效果可以使素材产生一种类似水波波纹的扭曲效果。

9. 球面化

球面化效果可以使素材产生球形扭曲效果。

10. 湍流置换

湍流置换效果可以使素材产生各种突起、旋转效果。

11. 边角定位

边角定位效果可以利用图像 4 个边角坐标位置的变化对图像进行透视扭曲。

12. 镜像

镜像效果可以按照指定的方向和角度将图像沿某一条直线分割为两部分，制作出相反的画面效果，参数设置及图像效果如图 4-126 所示。

图 4-126

活动 2　实现画中画效果的其他方法

在 Premiere 的新版本中,"效果控件"面板中新增了素材的蒙版编辑功能,每个图层的"不透明度"参数都新增了蒙版功能,利用该功能可以实现画中画效果。

 操作步骤

(1) 启动 Premiere,进入项目界面,新建项目。

(2) 按组合键 Ctrl+N,新建序列。

(3) 双击"项目"面板的空白处,在弹出的"导入"对话框中导入素材文件"风景.jpg"和"鸟.jpg",如图 4-127 所示。

(4) 将"风景.jpg"素材拖入"时间轴"面板"V1"轨道的 0 秒处,将"鸟.jpg"素材拖入"时间轴"面板"V2"轨道的 0 秒处。

(5) 选中"鸟.jpg"素材,打开"效果控件"面板,将"不透明度"选项展开,单击"创建椭圆形蒙版"按钮,如图 4-128 所示。在"节目"面板中绘制圆形蒙版,如图 4-129 所示,产生画中画效果。

图 4-127

图 4-128

图 4-129

 试一试

在"效果控件"面板中,将素材"不透明度"选项展开,单击"创建 4 点多边形蒙版"或"自由绘制贝塞尔曲线"按钮,在"节目"面板中绘制蒙版,可产生如图 4-130 所示的画中画效果。

图 4-130

任务 9　制作山水仙境

色彩调整是图像处理中的一个非常重要的功能,在很大程度上能够决定一个作品的"好坏"。通常情况下,不同的颜色往往带有不同的情感倾向,在设计作品时也是一样,只有与作品主题相匹配的色彩才能正确地传达作品的主旨内涵,因此正确地使用调色效果对设计作品而言非常重要。Premiere 软件中提供了多个视频调色效果,调色效果集中在"颜色校正"类别中,而且在 Premiere Pro 2022 版本中,"过时""图像控制""调整""通道"等类别中也有一些有关色彩调整的命令。

学习内容

(1)学习有关色彩的基础知识。
(2)通过实践操作体会色彩校正。
(3)扩展学习 Premiere 中常用的色彩校正特效。

任务情景

小明在整理拍摄的视频素材时,发现有的视频素材画面不够明亮,有些灰暗;有的视频素材颜色不够饱满,需要调整……为此,小明查阅了相关资料,发现 Premiere 软件中有非常强大的色彩校正功能,可以调整视频素材的色彩。小明决定深入学习一下。

任务分析

为了解决小明遇到的问题,本任务需要通过调整 RGB 曲线、亮度曲线、颜色平衡(HLS)相应的参数来提高图像的明度和饱和度,使图像画面看上去更加清澈、通透,制作出仙境般的效果。本任务的思维导图如图 4-131 所示。

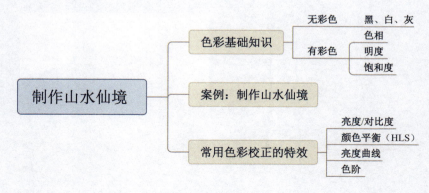

图 4-131

活动 1　天空色彩调整

操作步骤

（1）新建项目，新建"序列 01"，选择 DV-PAL 的标准 48kHz 模式。

（2）按组合键 Ctrl+I，导入本活动需要的"风景.jpg"素材到"项目"面板中，并将"风景.jpg"素材拖到"时间轴"面板"V1"轨道的 0 秒处。

（3）打开"效果"面板，将"视频效果/过时"文件夹下的"RGB 曲线"效果拖到"时间轴"面板"风景.jpg"素材上。

（4）打开"效果控件"面板，选择"RGB 曲线"选项下的钢笔工具 在"节目"面板中显示的"风景"画面上绘制出天空区域，并对遮罩选区进行参数设置，如图 4-132 所示。

图 4-132

（5）在"效果控件"面板中，调整"RGB 曲线"效果参数，如图 4-133 所示，使遮罩选区内的天空变蓝。

图 4-133

活动2 湖水色彩调整

操作步骤

（1）将"效果"面板中的"RGB 曲线"效果再次拖到"时间轴"面板的"风景.jpg"素材上，在"效果控件"面板中选择第二个"RGB 曲线"选项下的钢笔工具，并在"节目"面板中显示的"风景"画面上绘制出湖水区域，然后对遮罩选区进行曲线参数调整，使湖水更加碧绿，如图4-134所示。

图4-134

（2）将"视频效果/过时"文件夹下的"亮度曲线"效果拖到"时间轴"面板的"风景.jpg"素材上并设置参数，使画面变亮、对比度加强，如图4-135所示。

图4-135

（3）对"风景.jpg"素材应用"颜色平衡（HLS）"效果并设置参数，增强饱和度，使画面色彩更鲜艳，效果如图4-136所示。

项目 4　视频制作

图 4-136

（4）保存项目，导出媒体。

知识链接：色彩及相关特效

1. 色彩基础

通常，色彩被分为两类：无彩色和有彩色。无彩色为黑、白、灰，有彩色是除黑、白、灰外的其他颜色。有彩色都有色相、明度、纯度（饱和度）属性，无彩色有明度属性。

除色相、明度、纯度这三个属性外，色彩还可以用"温度"描述。色彩的"温度"也被称为色温、色性，指色彩的冷暖倾向。色彩倾向于蓝色的为冷色调，倾向于橘色的为暖色调。

"色调"也是常被用于描述色彩的词语，指的是画面整体的颜色倾向，如青绿色调、紫色调等。

对于作品而言，"影调"又称为图像的基调或调子，指画面明暗层次、虚实对比和色彩的色相明暗等之间的关系。根据影调的亮暗和反差不同，图像通常被分为亮调、暗调和中间调三种，亮调图像如图 4-137 所示，暗调图像如图 4-138 所示。

图 4-137

图 4-138

2. 常用的色彩校正特效

（1）Brightness Contrast（亮度对比度）。

217

该特效用来调整图像的亮度和对比度。

（2）颜色平衡。

该特效可以通过调整高光、阴影和中间色调的红、绿、蓝参数来更改图像总体颜色的混合程度。

（3）色彩平衡（HLS）。

该特效通过调整色相、亮度、饱和度来调整图像的色彩。

（4）Levels（色阶）。

该特效可以将亮度、对比度、色彩平衡等功能相结合，对图像进行明度、阴暗层次和中间色的调整、保存和载入设置等。

（5）黑白。

该特效可将彩色图像转化为黑白图像。

（6）亮度曲线。

该特效通过曲线来调整图像的亮度。

（7）Lumetri 颜色。

该特效具有综合调色功能，包括基本校正、创意、曲线、色轮、辅助等多个功能模块。

试一试

1. RGB 曲线

通过调整红、绿、蓝三原色来调整色彩效果，参数设置及图像效果如图 4-139 所示。

图 4-139

2. 保留颜色

通过设置画面中某一颜色及相似、相近颜色来保留颜色，其他颜色呈灰色效果，参数设置及图像效果如图 4-140 所示。

图 4-140

3. ProcAmp

使用该效果时可以调整素材的亮度、对比度、色相、饱和度，参数设置及图像效果如图 4-141 所示。

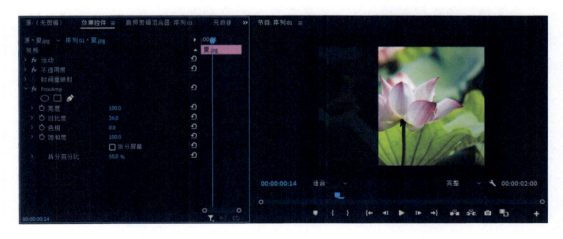

图 4-141

任务 10　视频的抠像合成

在 Premiere 的特效中，有一个大类是"键控"类特效，主要用于对素材进行抠像处理，实现将不同的视频素材合成到一个场景中，在影视制作中有大量应用。

多媒体制作与应用

学习内容

（1）了解抠像的基础知识。
（2）"超级键"命令。
（3）"亮度键"命令。
（4）"轨道遮罩键"命令。
（5）"颜色键"命令。
（6）"Alpha调整"命令。

任务情景

随着社交媒体的兴起，绿幕抠像技术在视频和图像制作等领域中，都得到了广泛的运用。从最简单的图像素材合成实现想去哪拍就去哪拍，到电商直播的虚拟背景更好地展示带货商品，再到网络会议或在线课程实时同步地进行内容讲解等，都使用着相同的技术手段。可以说，抠像技术是摄影师实现小成本大制作、非常硬核的秘密武器。

小明学习了特效功能后，开始进一步探索Premiere的抠像功能。

任务分析

视频抠像功能的实现主要集中在"键控"类视频效果中，包括Alpha调整、亮度键、超级键、轨道遮罩键、颜色键五种效果。为了掌握抠像的专业知识，本任务需要做到三方面：一是了解抠像的基础知识，二是通过实践操作实现抠像效果，三是扩展了解Premiere中抠像的常用命令。本任务的思维导图如图4-142所示。

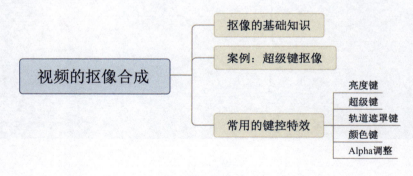

图4-142

操作步骤

（1）启动Premiere软件，新建项目，输入项目名称"抠像合成效果"。

（2）按组合键Ctrl+N，在弹出的"新建序列"对话框中为序列选择DV-PAL下的标准48kHz模式。

（3）在"项目"面板空白处双击鼠标左键，在弹出的"导入"对话框中导入素材"人物.mp4"

和"背景视频.mp4"文件。

（4）在"项目"面板中选择素材"背景视频.mp4"并将其拖到"时间轴"面板"V1"轨道的 0 秒处，在弹出的"剪辑不匹配警告"对话框中单击"保持现有设置"按钮。选中"项目"面板中的素材"人物.mp4"拖到"时间轴"面板"V2"轨道的 0 秒处，"时间轴"面板及"节目"面板的状态如图 4-143 所示。

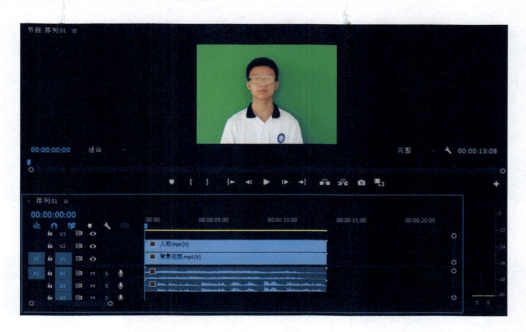

图 4-143

（5）打开"效果"面板，展开"视频效果"文件夹下的"键控"文件夹，如图 4-144 所示，将"超级键"效果拖到"时间轴"面板的"人物.mp4"素材上。

图 4-144

（6）选中"时间轴"面板上的"人物.mp4"素材，打开"效果控件"面板，选中"超级键"效果，单击该效果下"主要颜色"选项右侧的滴管工具，光标形状变为滴管状。这时将光标移至"节目"面板中需要抠除的绿色区域上，如图 4-145 所示；单击即可抠除图像的绿色区域，如图 4-146 所示。

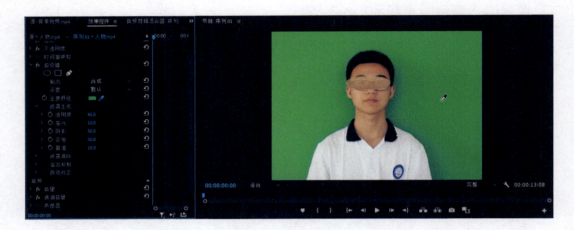

图 4-145

图 4-146

（7）观察视频合成效果，微调"超级键"特效命令中的参数，将"高光"值设置为"0"，如图 4-147 所示。

（8）在"效果控件"面板中，单击"超级键"特效前的"▼"按钮将该选项折叠，单击"运动"选项前的"▶"按钮，将该选项展开，将"位置"设置为(644.0, 367.0)，将"缩放"设置为 38.0，如图 4-148 所示。

（9）保存项目，导出媒体。

至此，视频的抠像合成完成，画面效果如图 4-149 所示。

项目4 视频制作

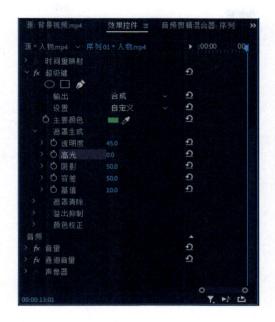

图 4-147

图 4-148

图 4-149

知识链接：抠像知识及常用的键控特效

1. 抠像知识

在影视作品中，我们常常可以看到很多夸张、震撼、虚拟的镜头画面，尤其是好莱坞的特效电影，这经常用到抠像。抠像是指在绿棚或蓝棚中拍摄人或物，然后利用 Premiere 等后期制作软件扣除绿色或蓝色背景，将背景更换为合适的画面，使人或物与背景结合得更好，制作出具有视觉冲击力的画面效果。

2. 常用的键控特效

（1）Alpha 调整。
根据上层素材的灰度等级来完成不同的叠加效果。
（2）亮度键。
将图像中的灰阶部分设置为透明，对明暗对比十分强烈的图像特别有效。
（3）超级键。
在图像中吸取颜色并设置透明度，同时可设置遮罩效果。
（4）轨道遮罩键。
将相邻轨道上的素材作为被叠加的素材底纹背景，底纹背景决定被叠加图像的透明区域。
（5）颜色键。
通过将某种颜色变透明来完成抠像、合成效果。

试一试

如图 4-150 所示，使用"键控"特效中的"颜色键"效果进行抠像合成。参数设置及抠像合成效果如图 4-151 所示。

图 4-150

项目 4　视频制作

图 4-151

任务 11　制作蒙版动画

　　从本任务开始我们将运用 After Effects 软件（简称 AE）进一步学习视频制作的后期特效。前面学习的 Premiere 是非线性视频编辑软件，其按照时间线的方式把一堆视频、图像、音频等素材进行合理编排，混合成一个视频，主要作用是剪辑影片，一般用于多段视频和音频的复合编辑。而 AE 软件是特效制作软件，一般应用在原创视频的制作上，与三维软件结合使用，可以使作品实现更加绚丽的效果。

　　蒙版功能是 AE 中的常用、好用功能。运用蒙版我们能够制作出许多想要的效果，同时能够帮助我们提高视频创作的质量。本任务将介绍蒙版知识、AE 界面及 AE 中基本动画实现方法。

学习内容

（1）掌握 AE 中建立蒙版的方法。
（2）掌握蒙版中各参数的意义及设置方法。
（3）学习 AE 中关键帧的相关知识，并会制作基本动画。
（4）通过案例体会蒙版动画的实现方法。

任务情景

　　小明学习了 Premiere 软件后，又听说 AE 软件能制作出更加绚丽的特效及三维动画效果，对 AE 软件产生了浓厚的兴趣，小明也希望制作出更好的视频效果，圆满地完成团支部的视频制作任务。小明决定先了解一下 AE 的蒙版功能。

多媒体制作与应用

任务分析

在影视合成中，当需要只显示画面中的一部分，把不需要的部分屏蔽时，可以利用 AE 的蒙版工具进行处理。本任务需要做到三方面：一是制作一个蒙版动画；二是分析案例中用到的蒙版知识点；三是拓展学习案例中涉及的基本动画和关键帧知识。本任务的思维导图如图 4-152 所示。

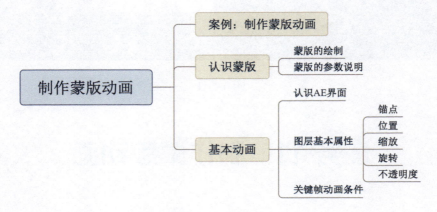

图 4-152

操作步骤

（1）启动 AE，按组合键 Ctrl+N 新建一个合成，命名为"蒙版动画"，参数设置如图 4-153 所示，单击"确定"按钮。

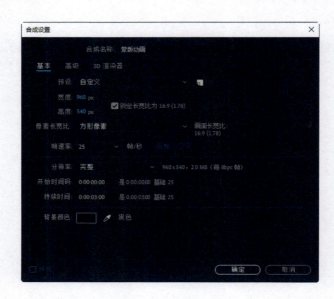

图 4-153

（2）在项目面板空白处双击鼠标左键，在弹出的对话框中选中"火车.jpg"文件导入素材，然后拖动这个素材文件至时间线面板，如图 4-154 所示。

项目4 视频制作

图 4-154

（3）按组合键 Ctrl+D 两次，将"火车.jpg"图层复制出另外两个图层。右击图层，在弹出的快捷菜单中选择"重命名"命令，将图层从下到上依次命令为"火车""火车1""火车2"，如图 4-155 所示。

图 4-155

（4）单击"火车1"和"火车2"图层最前面的 ◎ 按钮，使图层隐藏。选中"火车"图层，在工具栏中选择"矩形工具" ■，在合成窗口中的图像上绘制一个矩形路径，即矩形蒙版，如图 4-156 所示。

（5）在时间线面板中选择"火车"图层，将时间线调整到"00：00：00：00"的位置，按 P 键展开"位置"属性选项。设置"位置"的值为(−485.0, 270.0)，单击"位置"选项前面的"码表"按钮 ◎，在当前位置添加第 1 个关键帧，如图 4-157 所示。

（6）将时间线移到"00：00：00：10"处，修改"位置"的值为(480.0, 270.0)，系统会自动添加第 2 个关键帧，如图 4-158 所示。

227

图 4-156

图 4-157

图 4-158

(7)选中"火车 1"图层,在工具栏中选择"矩形工具" ▢,在合成窗口中的图像上绘制一个矩形路径,单击"火车 1"图层最前面的 ■ 按钮,使图层显示,效果如图 4-159 所示。

图 4-159

(8)在时间线面板中选择"火车 1"图层,将时间线移到"00:00:00:10"处,按 P

键展开"位置"属性选项。设置"位置"的值为(1450.0, 270.0),单击"位置"选项前面的"码表"按钮 ,在当前位置添加关键帧,如图 4-160 所示。

图 4-160

(9)将时间线移到"00:00:00:20"处,修改"位置"的值为(480.0, 270.0),系统会自动设置关键帧,如图 4-161 所示。

图 4-161

(10)选中"火车 2"图层,在工具栏中选择"矩形工具" ,在合成窗口中的图像上绘制一个矩形路径,单击"火车 2"图层最前面的 按钮,使图层显示,效果如图 4-162 所示。

图 4-162

(11)在时间线面板中选择"火车 2"图层,将时间线移到"00:00:00:20"处,按 P 键展开"位置"属性选项。设置"位置"的值为(−485.0, 270.0),单击"位置"选项前面的"码表"按钮 ,在当前位置设置关键帧,如图 4-163 所示。

多媒体制作与应用

图 4-163

（12）将时间线移到"00：00：01：05"处，设置"位置"的值为(480.0, 270.0)，系统会自动设置关键帧，如图 4-164 所示。

图 4-164

至此，动画的制作就完成了，按"空格"键可以预览动画效果，如图 4-165 所示。

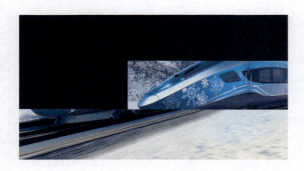 

图 4-165

知识链接：AE 基础知识和蒙版

1. AE 基础知识

（1）认识 AE 界面。

启动 AE 后，打开一个项目文件就进入了 AE 界面，如图 4-166 所示。

①标题栏：包含项目的名称，以及对 AE 窗口的最大化、最小化、关闭等操作按钮。

②菜单栏：提供了 9 项菜单，分别是文件、编辑、合成、图层、效果、动画、视图、窗口和帮助。

③项目面板：导入 AE 的所有文件、创建的所有合成文件图层等都可以在项目面板中找到，并可以清楚地看到每个文件的类型、尺寸、时长、路径等。

④工具栏：包含经常使用的工具，有些工具按钮的右下角有三角标记，表示包含多个工具选项。

⑤合成窗口：可直接显示出素材组合特效处理后的合成画面。

⑥控制面板：包括信息、音频、预览、字符、效果和预设、段落、跟踪器等多种浮动面板，可根据工作需要显示或隐藏。

图 4-166

（2）图层基本属性。

AE 软件被称为"会动的 Photoshop"，两者共通的地方就是"图层"。不同的是，在 AE 中每个素材图层都有一个"变换"属性组，这个属性组包含了一个层最重要的 5 个基本属性，如图 4-167 所示。

锚点：AE 以锚点为基准对相关属性进行设置。这个锚点是对象进行旋转或缩放等设置的坐标中心点，默认情况下为对象的中心点。显示该属性的快捷键为 A。

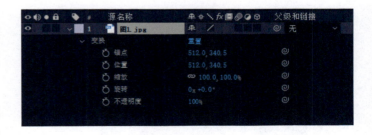

图 4-167

位置：该属性主要用来制作图层的位移动画，显示该属性的快捷键为 P。

缩放：该属性可以以锚点为基准来改变图层的大小，显示该属性的快捷键为 S。

旋转：该属性可以以锚点为基准旋转图层，显示该属性的快捷键为 R。

不透明度：该属性以百分比的方式来调整图层的不透明度，数值越低，透明度越高，显示该属性的快捷键为 T。

当需要将图层的多个变换属性同时显示时，可以配合 Shift 键来完成。例如，按 P 键会显示"位置"属性，此时如果再按 S 键，则只会显示"缩放"属性，如图 4-168 所示；而如果在按住 Shift 键的同时按 S 键，则会在显示"位置"属性的基础上，显示出"缩放"属性，如图 4-169 所示。

图 4-168

图 4-169

2. 蒙版

蒙版为素材图层添加封闭的路径，可控制素材在路径内部或外部进行显示。

（1）蒙版的绘制。

蒙版按形状可分为 3 类：矩形蒙版、圆形蒙版和自由形状蒙版。

①矩形蒙版的绘制。

选择工具栏中的"矩形工具" ■，在合成窗口中绘制矩形蒙版，如图 4-170 所示。

②圆形蒙版的绘制。

单击工具栏中"矩形工具"等待片刻，在弹出的工具组菜单中选择"椭圆工具"，使用该工具可以在合成窗口中绘制圆形蒙版，如图 4-171 所示。

图 4-170

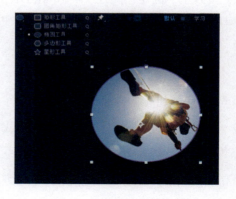

图 4-171

③自由形状蒙版的绘制。

利用"钢笔工具"可以绘制自由形状的蒙版，如图 4-172 所示。我们可以通过修改控制点改变蒙版的形状，包括增加控制点、删除控制点。

（2）蒙版参数说明。

在 AE 中，蒙版参数如图 4-173 所示。

图 4-172

图 4-173

①蒙版路径。

蒙版路径即路径的形状，可以通过移动、增加或减少控制点来对蒙版的曲率进行调整，也可以对路径进行形状上的改变，一般用工具栏中的"选取工具" ▶ 来调整。

②蒙版羽化。

通过调整水平和垂直两个方向上的数值来改变蒙版边缘的软硬度，如图 4-174 所示为水平羽化的效果。

③蒙版不透明度。

通过设置数值来改变蒙版内图像的不透明度。

④蒙版扩展。

调整"蒙版扩展"参数可以对当前蒙版进行扩展和收缩。当参数为正数时，蒙版在原来的基础上扩展；当参数为 0 时，蒙版既不扩展也不收缩；当参数为负数时，蒙版在原来的基础上收缩。

图 4-174

⑤反转。

在默认情况下，蒙版内显示当前图层的图像，蒙版外为透明区域。当勾选"反转"复选框时，则可以设置蒙版内外区域的反转。

试一试

AE 是通过创建关键帧来控制动画的，当在图层的 5 个基本属性上创建关键帧时可以产生基本动画。AE 中基本动画的实现方法与 Premiere 软件中的类似。如图 4-175 所示，图像在 0

秒时的位置为(191.0, 340.5)，单击"位置"属性前的按钮 ⏱，设置第 1 个关键帧；如图 4-176 所示，图像在 1 秒时的位置变为(815.0, 340.5)，系统自动产生第 2 个关键帧，即实现了图像的位移动画效果，如图 4-177 所示。

图 4-175

图 4-176

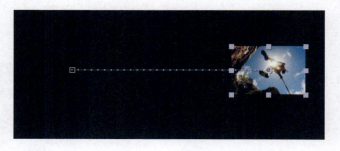

图 4-177

任务 12　制作文字动画

在 AE 的文字图层中，我们不仅能对一般图层所具有的 5 个基本属性（位置、缩放、旋转、不透明度和锚点）进行设置，还能为文字添加多种形式的动画效果。AE 内置了许多文字动画效果，这使得我们可以轻松地利用预设的效果进行创意制作。本任务重点讲解 AE 中的文字属性及预设文字动画效果的使用和修改方法。

学习内容

（1）学习文字图层的创建方法。

（2）学习用"字符"和"段落"面板设置文字的方法。
（3）通过文字动画案例体会 AE 内置的丰富的文字动画效果。
（4）学习预设的文字动画效果的使用和修改方法。

任务情景

文字是视频制作中不可缺少的元素。小明注意到，在 AE 中可以制作出许多文字特效，对制作文字特效产生了兴趣。小明想快捷、方便地掌握几种文字特效制作方法，以美化自己的视频作品。

任务分析

在 AE 中，文字功能非常强大，能制作出许多特殊效果，为了快速掌握文字特效，本任务需要做到三方面：一是了解文字的基础知识，二是通过预设的文字动画效果完成任务，三是学习预设的文字动画效果的使用和修改方法。本任务的思维导图如图 4-178 所示。

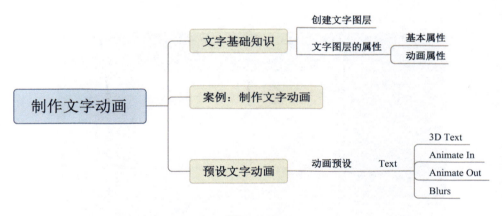

图 4-178

操作步骤

（1）启动 AE，按组合键 Ctrl+N，新建一个合成，命名为"文字动画"，参数设置如图 4-179 所示，然后单击"确定"按钮。

（2）双击项目面板空白处，在弹出的对话框中选中"秋天.jpg"文件并导入素材，然后拖动这个素材文件至时间线面板。

（3）选择工具栏中的"横排文字工具" T ，在合成窗口中输入如下内容。

《秋词二首·其一》
刘禹锡
自古逢秋悲寂寥，我言秋日胜春朝。
晴空一鹤排云上，便引诗情到碧霄。

画面效果如图 4-180 所示。

多媒体制作与应用

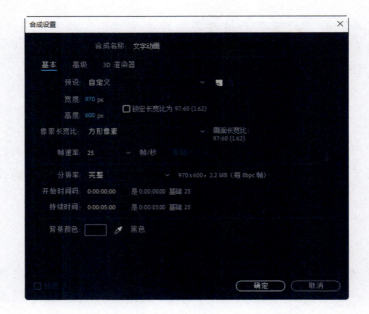

图 4-179

图 4-180

（4）使用工具栏中的"选取工具"选择画面中的文字，在界面右侧的"字符"面板中将字体调整为"华文行楷"，将大小调整为"26 像素"；在"段落"面板中将"对齐方式"调整为"居中对齐"。文字效果如图 4-181 所示。

（5）使用工具栏中的"选取工具"选中时间线面板上的文字图层，将时间线移至 0 秒处，打开界面右侧的"效果和预设"面板（执行菜单命令"窗口→效果和预设"），展开"*动画预设/Text/Animate In"文件夹下的效果列表，双击"下雨字符入"效果选项为文字添加预设的文字动画效果，如图 4-182 所示。

（6）按键盘上的空格键可查看文字动画效果，如图 4-183 所示。

236

图 4-181

图 4-182　　　　　　　　　　　　　图 4-183

（7）按组合键 Ctrl+M 打开"渲染队列"面板，如图 4-184 所示；单击"输出模块"选项中的"高品质"文字链接，打开"输出模块设置"对话框，如图 4-185 所示；将"格式"设置为"QuickTime"，然后单击"确定"按钮。

图 4-184

图 4-185

（8）回到"渲染队列"面板，在"输出到"选项中指定视频文字的输出位置和文件名称，然后单击"渲染"按钮等待渲染，如图 4-186 所示。渲染完成后，视频便导出完成。

图 4-186

知识链接：文字基础知识及其预设动画效果

1. 文字基础知识

（1）输入文字和创建文字图层。

在 AE 中，使用工具栏中的"横排文字工具"或"直排文字工具"在合成窗口中直接输入文字，即可生成一个文字图层；执行菜单命令"图层→新建→文本"也可以生成文字图层，如图 4-187 所示，在新建的文字图层中，文字工具的插入光标会出现在合成窗口的中央，直接输入文字即可。

（2）利用"字符"和"段落"面板设置文字和段落格式。

使用工具输入文字时，可以有两种方式：一种是单击输入，如图 4-188 所示，用于输入单行标题文字；另一种是在鼠标拖出的矩形框中输入，如图 4-189 所示，用于输入段落文字。

图 4-187

图 4-188

图 4-189

在 AE 界面右侧的"字符"面板和"段落"面板中，我们可以对输入的文字或段落进行格式设置，如图 4-190 所示。

（3）文字图层属性。

除了具有位置、缩放、旋转、不透明度和锚点属性外，文字图层还具有特有的属性，如图 4-191 所示。

图 4-190

图 4-191

文字图层"变换"选项下的 5 个参数用来设置文字的整体属性和动画效果，"文本"选项下的参数用来设置文本中每个字符的属性和动画效果。单击图 4-192 中"文本"选项右侧的"动画"三角形按钮，可打开设置字符属性的菜单。

2. 预设文字动画效果

（1）查看预设文字动画效果。

执行菜单命令"窗口→效果和预设"可以打开"效果和预设"面板，展开面板内的"*动画预设/Text"文件夹，可以看到所有的预设文字动画效果，如图 4-193 所示。单击子文件夹前的"▶"按钮展开子文件夹，就能看到多个具体的效果了。

（2）添加预设文字动画效果。

当需要添加预设文字动画效果时，需要选中时间线面板中的文字图层，将时间线移到动画开始的位置，双击"效果和预设"面板中的具体效果名称，就可将动画效果添加到文字图层上了。

图 4-192

图 4-193

（3）修改预设文字动画效果。

添加预设文字动画效果后，我们可以在时间线面板中展开文字图层的属性列表，对属性值进行修改就可以改变动画效果了。

 试一试

利用预设效果制作文字"扭转飞入"动画。

任务 13　制作"人间四季"过渡效果

AE 软件自带了许多特效，包括色彩校正、模糊与锐化、扭曲、键控、模拟仿真、风格化、过渡等效果，能够对影片进行丰富的艺术加工，还可以提高影片的画面质量和播放效果。其中，过渡效果与 Premiere 中的转场有些类似，主要用于实现转场特效。但二者又有些不同，Premiere 中的转场主要作用在镜头与镜头之间，而 AE 中的过渡效果则作用在图层上，我们可以通过具体操作体会它们的不同。

项目 4 视频制作

学习内容

（1）学习 AE 中特效的添加与编辑方法。
（2）通过实践操作体会 AE 中过渡效果的用法。
（3）学习 AE 中常用的过渡效果。

任务情景

小明在学习 AE 的过程中，发现在 AE 的"效果"菜单下有一个"过渡"类效果，那么应该怎么应用呢？本任务从简单的过渡效果开始，了解 AE 中的特效。

任务分析

为了了解 AE 中的过渡效果及 AE 特效的使用方法，本任务需要学习以下内容：一是通过实践操作完成过渡案例，二是了解 AE 中特效的添加与编辑，三是了解常用的过渡效果。本任务的思维导图如图 4-194 所示。

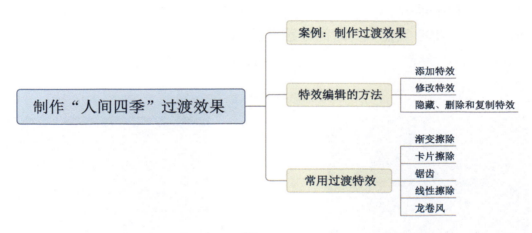

图 4-194

操作步骤

（1）启动 AE，按快捷键 Ctrl+N 新建一个合成，合成名称为"人间四季过渡效果"，预设为"自定义"，宽度为"720px"，高度为"480px"，像素长宽比为"D1/DV NTSC (0.91)"，帧速率为"25 帧/秒"，持续时间为"12 秒"。

（2）双击项目面板空白处，在弹出的对话框中选中"春.jpg""夏.jpg""秋.jpg""冬.jpg"4 个文件导入素材，如图 4-195 所示。

（3）在项目面板中选中"春.jpg""夏.jpg""秋.jpg""冬.jpg"素材，将其拖到时间线面板中，在时间线面板中

图 4-195

选中"春.jpg"图层,设置其入点为"00:00:00:00",出点为"00:00:03:13";选中"夏.jpg"图层,设置其入点为"00:00:02:13",出点为"00:00:06:13";选中"秋.jpg"图层,设置其入点为"00:00:05:13",出点为"00:00:09:13";选中"冬.jpg"图层,设置其入点为"00:00:08:13",出点为"00:00:12:00";如图4-196所示。

图 4-196

(4)在时间线面板上选中"春.jpg"图层,执行菜单命令"效果→过渡→CC Glass Wipe",在"效果控件"面板中进行设置,如图4-197所示。将时间标签置于"00:00:02:13"处,在"效果控件"面板中单击"Completion"(即"过渡完成")选项前面的码表按钮,添加第一个关键帧,如图 4-198 所示。将时间标签置于"00:00:03:13"处,在"效果控件"面板中将"Completion"设置为"100%",自动添加第二个关键帧,如图4-199所示。合成窗口中的画面效果如图4-200所示。

图 4-197

图 4-198

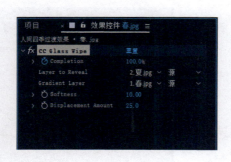

图 4-199

图 4-200

(5)在时间线面板上选中"夏.jpg"图层,执行菜单命令"效果→过渡→CC Radial ScaleWipe",在"效果控件"面板中进行设置,如图4-201所示。将时间标签置于"00:00:

05：13"处，在"效果控件"面板中单击"Completion"选项前面的码表按钮 ，添加第一个关键帧，如图 4-202 所示。将时间标签置于"00：00：06：13"处，在"效果控件"面板中将"Completion"设置为"100%"，自动添加第二个关键帧，如图 4-203 所示。合成窗口中的画面效果如图 4-204 所示。

图 4-201

图 4-202

图 4-203

图 4-204

（6）在时间线面板上选中"秋.jpg"图层，执行菜单命令"效果→过渡→卡片擦除"，在"效果控件"面板中进行设置，如图 4-205 所示。将时间标签置于"00：00：08：13"处，在"效果控件"面板中单击"过渡完成"选项前面的码表按钮 ，添加第一个关键帧。将时间标签置于"00：00：09：13"处，在"效果控件"面板中将"过渡完成"设置为"100%"，自动添加第二个关键帧。合成窗口中的画面效果如图 4-206 所示。

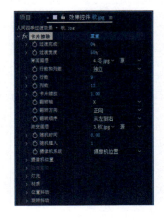

图 4-205

图 4-206

（7）保存项目，按组合键 Ctrl+M 导出视频。

知识链接：特效及常用过渡效果

1. 特效

（1）添加特效。

在 AE 中，为图层添加特效的方法有多种：一是在时间线面板中选中某个图层，然后选择"效果"菜单中某类特效的具体命令；二是在时间线面板中右击某个图层，在弹出的快捷菜单中选择具体的特效命令；三是先执行菜单命令"窗口→效果和预设"打开"效果和预设"面板，从分类中选中需要的效果，然后拖到时间线面板中的某个图层上；四是先在时间线面板中选中某个图层，然后执行菜单命令"窗口→效果和预设"打开"效果和预设"面板，双击分类中的效果。

（2）修改特效参数。

添加特效后，选中图层，打开"效果控件"面板，可以对特效参数进行调整；或者按 E 键在时间线面板中展开该图层添加的特效列表，如图 4-207 所示。

（3）隐藏、删除和复制特效。

单击"效果控件"面板中特效名称左侧的" fx "按钮可以隐藏该效果，再次单击该按钮可将该效果开启，如图 4-208 所示。

图 4-207　　　　　　　　　　图 4-208

如果要删除特效，则先选中特效，然后按 Delete 键。

如果要复制特效应用在其他图层上，则可以先选中该特效并按组合键 Ctrl+C，然后在时间线面板上按组合键 Ctrl+V 将该特效粘贴在目标图层上。

2. 常用过渡效果

2022 版 AE 软件自带的过渡效果有 17 种，使用菜单命令"效果→过渡"可以进行查看，如图 4-209 所示。过渡效果能够让本图层以各种形态逐渐消失，直至完全显示出下方图层或指定图层。

（1）渐变擦除（Gradient Wipe）。

本效果能让图层中的像素基于另一个图层（称为渐变图层）中相应像素的明亮度值变得透明。暗的像素先过渡，亮的像素后过渡。

（2）卡片擦除（Card Wipe）。

本效果可以模拟一组卡片，先显示一张图片，然后翻转以显示另一张图片，使图层消失在随机卡片中；通过改变行和列，还可以创建百叶窗和灯笼效果，是所有过渡效果中最复杂、最强大的一个。

（3）CC Image Wipe（图像擦除）。

图 4-209

本效果使用某个图像图层的某种属性（如 RGB 通道、亮度通道、色相、饱和度等）来完成擦除过渡。

（4）CC Jaws（锯齿）。

本效果包括 Spikes 钉鞋、RoboJaw 机器锯齿、Block 块、Waves 波浪 4 种形状。

（5）CC Light Wipe （照明式擦除）。

照明形状包括 Round 圆形、Doors 门形、Square 方形 3 种。

（6）光圈擦除。

本效果可用于创建显示下层图层的径向过渡，常通过半径属性设置动画效果。

（7）块溶解。

本效果能使图层消失在随机块中，可以以像素为单位单独设置块的宽度和高度。

（8）百叶窗。

本效果使用具有指定方向和宽度的"条"显示底层图层。

（9）径向擦除。

本效果环绕指定点擦除，以动态显示底层图层。

（10）线性擦除。

本效果按指定方向对图层执行简单的线性擦除。

另外，在过渡效果中还有 CC Glass Wipe（玻璃擦除）、CC Grid Wipe（网格擦除）、CC Line Sweep（光线扫描）、CC Radial ScaleWipe（径向缩放擦除）、CC Scale Wipe （缩放擦除）、CC Twister（龙卷风）和 CC WarpoMatic （自动弯曲）等具体效果，大家可以通过操作来了解它们的过渡形态。

 试一试

为图层添加块溶解、径向擦除、百叶窗等过渡效果，并调整参数，了解它们的过渡形态。

任务 14　制作秋色美景

在视频制作的过程中,对画面颜色的处理是一项很重要的工作,有时会直接影响制作的成败。作为一款优秀的合成软件,AE 具有非常强大的调色功能,采用"色彩校正"效果可以对色彩不好的画面进行颜色的修正,也可以对色彩正常的画面按自己的想法进行颜色调节,使画面更加精彩。

学习内容

(1)"曝光度"效果。
(2)"色相/饱和度"效果。
(3)"颜色平衡"(HLS)效果。
(4)"色阶"效果。
(5)"曲线"效果。

任务情景

小明在制作视频的过程中,发现有一个视频素材因为拍摄时天气阴沉,画面不够明亮,色彩不够丰富、缺乏层次,需要对视频的色彩进行调整,使其符合制作要求。为此,小明查阅了 AE 中的调色功能,对调色命令进行了学习和研究。

任务分析

AE 具备强大的调色功能,之前我们学习了 Premiere 的调色知识,现在学习运用 AE 的调色功能就容易很多。本任务需要掌握以下内容:一是通过实践操作完成调色案例,二是掌握 AE 中常用的调色特效。本任务的思维导图如图 4-210 所示。

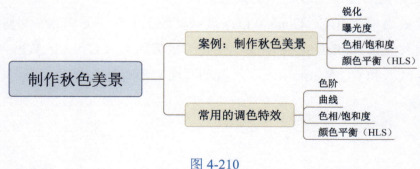

图 4-210

操作步骤

(1)启动 AE,双击项目面板空白处,在弹出的对话框中选中"风景.mp4"文件并导入素材。

(2)将项目面板中的"风景.mp4"素材拖到面板下方的"新建合成"图标 上,如图 4-211 所示,按素材名称、画面大小、帧速率和时长新建一个合成,合成的名称"风景.mp4"即素材的名称。

(3)选中时间线面板上的"风景.mp4"图层,执行菜单命令"效果→模糊和锐化→锐化",如图 4-212 所示。打开的"效果控件"面板中,设置"锐化量"为"20",如图 4-213 所示,使风景画面的清晰度提高。

图 4-211

图 4-212

图 4-213

(4)选中时间线面板上的"风景.mp4"图层,执行菜单命令"效果→颜色校正→曝光度",然后在"效果控件"面板中将"曝光度"设置为"0.56",如图 4-214 所示。亮度提高的风景画面效果如图 4-215 所示。

(5)选中时间线面板上的"风景.mp4"图层,执行菜单命令"效果→颜色校正→色相/饱和度",然后在"效果控件"面板中将"主饱和度"设置为"22",如图 4-216 所示,以提升风景画面的颜色饱和度。

(6)继续选中"风景.mp4"图层,执行菜单命令"效果→颜色校正→颜色平衡(HLS)",然后在"效果控件"面板中将"色相"设置为"0x-18.0°",如图 4-217 所示,使风景画面中多一些偏红、偏黄的色彩,让画面具有深秋的氛围。

(7)保存项目,按组合键 Ctrl+M 导出视频。

多媒体制作与应用

图 4-214   图 4-215

图 4-216

图 4-217

知识链接：常用的调色特效

1. 色阶

色阶效果用直方图来描述整个画面的明暗信息。它将亮度、对比度和灰度系数等功能结合在一起，对图像进行明度、阴暗层次和中间调的调整。该效果与曲线效果类似，但由于该效果提供了直方图预览，因此在图像调整中更加直观，如图4-218所示。

（1）通道：该参数用于选择需要修改的通道。

（2）直方图：即柱状图，显示图像在某个亮度上的像素分布，从左到右代表图像从纯黑到纯白的亮度过渡，用0～255表示。在某个亮度上的"山峰"越高，代表该亮度像素越多。

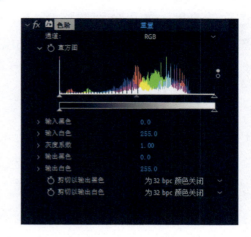

图 4-218

（3）输入黑色：该参数用于对输入图像（即源图像）的纯黑部分进行调整，其将低于指定数值的像素都定义为纯黑。

（4）输入白色：该参数用于对输入图像的纯白部分进行调整，其将高于指定数值的像素都定义为纯白。

（5）灰度系数：即伽马值，该参数用于对图像亮度进行整体调整，该数值对应直方图水平轴中间的三角滑块。

（6）输出黑色：对图像输出通道的纯黑部分进行调整，该参数定义输入图像纯黑部分输出为多少。

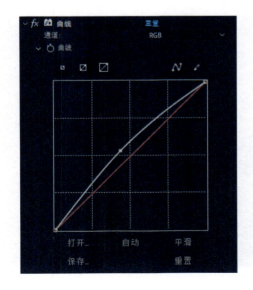

图 4-219

（7）输出白色：对图像输出通道的纯白部分进行调整，该参数定义输入图像纯白部分输出为多少。

2. 曲线

曲线效果可以对图像的所有RGB进行调整，既包括亮度，又包括色彩。AE中可以调整亮度和色彩的效果很多，如色阶。但是色阶只提供3个滑块用于控制图像的暗调、中间调和亮调，而曲线可以提供更加精确的控制。

（1）X轴，即水平轴，代表输入的亮度，即原始画面的亮度，从左到右代表从纯黑到纯白的亮度范围，越往右代表原始画面中越亮的区域，如图4-219所示。

（2）Y轴，即垂直轴，代表输出的亮度，即调整之后画面的亮度，从下到上代表从纯黑到纯白的亮度范围，越往上代表调整之后画面中越亮的区域。

曲线可以直接对当前通道的某个特定亮度进行明暗调整。如果调整 RGB 通道，则会修改图像的亮度；如果分别调整 R、G、B 通道，则会分别修改图像中红、绿、蓝通道的亮度，色彩通道亮度改变即修改了色彩。如果调整 Alpha 通道的亮度，则修改图像的透明度。

3. 色相/饱和度

色相/饱和度效果既可以针对某一种颜色，又可以对整个图像进行调色处理，该效果的调色基于色相环偏移，如图 4-220 所示。

（1）通道控制：该参数用于选择所应用的颜色通道，选择"主"表示对所有颜色应用；选择"红色""黄色""绿色""青色""洋红"等，表示对单通道应用。

（2）通道范围：该参数显示了颜色映射的谱线，用于控制通道范围。上面的谱线表示调整前的颜色；下面的谱线表示在全饱和度下调整后的颜色。

（3）主色相：该参数用于调整主色调。

（4）主饱和度：该参数用于调整主饱和度。

（5）主亮度：该参数用于调整主亮度。

（6）彩色化：即"着色"。勾选该复选框可以对图像去色并重新着色，效果为单色着色。

（7）着色色相：该参数用于调整双色图色相。

（8）着色饱和度：该参数用于调整双色图饱和度。

（9）着色亮度：该参数用于调整双色图亮度。

4. 颜色平衡（HLS）

颜色平衡（HLS）效果用于调整色彩平衡，即通过调整图像的色相、亮度和饱和度的值，改变图像的颜色信息，如图 4-221 所示。

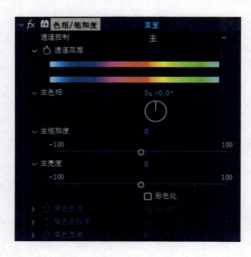

图 4-220

图 4-221

（1）色相：该参数用于调整图像的色调。
（2）亮度：该参数用于调整图像的亮度。
（3）饱和度：该参数用于调整图像的饱和度。

 试一试

试用"色阶"效果调整视频的亮度和对比度。

课后习题

1．创作一个关于军训生活的脚本，然后收集、整理军训素材，利用 Premiere 的编辑功能，对素材进行剪辑，导入一段音乐或事先录制的解说，制作"我的军训生活"影片。

2．利用本书提供的素材，制作出气球在天空中飘动的效果。

3．利用"团活动"素材照片，帮助小明制作一个 30 秒左右、添加了转场效果的视频。

4．结合使用"亮度曲线""颜色平衡（HLS）"等命令提高视频素材的亮度和饱和度。

5．利用本书提供的素材，制作一个合成效果。

6．利用本书提供的素材，制作一个"打字机"文字动画效果。

7．用"曲线""色阶""色相/饱和度"等命令为本书提供的素材调整亮度、饱和度、对比度等，使素材符合制作需求。

项目 5 动画制作

动画（Animation）是一种定时拍摄一系列多个静止的固态图像（帧），以一定频率（如每秒 24 张）连续变化、运动（播放），从而导致肉眼误以为图画或物体（画面）活动（视觉残像错觉）的技术。画面最常见的制作方式是手绘在纸张或赛璐珞片上，其他制作方式可能需要运用黏土、模型、纸偶、沙画、计算机等。通常动画产品是大量密集、乏味劳动的产物，随着计算机动画科技的进步和发展，这一情况得以改善。

由于科技的进步，我们现在可以运用 Adobe Animate（曾经的 Flash）直接在计算机上制作动画，或者在动画制作过程中使用计算机，这极大地提高了动画的制作效率，简化了动画制作的难度。

通过本项目的学习，你可以借助 Animate 将任何内容制成动画，如设计适合游戏、海报、电视节目的动画，让卡通形象和横幅广告栩栩如生，你也可以创作动画涂鸦和头像。

广义而言，采用影片制作与放映技术把不活动的东西变成活动的影像即为动画制作。现代医学已经证明，人眼在看到物像消失后的短暂时间内，仍可以将相关视觉印象保留约 0.1 秒，如果在第一个画面还没有消失前播放下一个画面，人们就会看到流畅的画面。动画片就利用了人眼的"视觉残像错觉"特性。

例如，在一叠纸上画出人物的连续动作，然后按顺序快速翻动纸张，人物好像动了起来。因此，利用该特性，电影采用每秒 24 幅画面的速度拍摄和播放，电视采用每秒 25 幅（PAL 制，我国电视制式）或 30 幅（NTSC 制）画面的速度拍摄和播放。

应用场景

场景 1：教育培训

Animate 动画可以轻松应对学校课堂教学和企业内部培训，使受训者在生动有趣的氛围中了解知识信息，快速提高技能。

场景 2：产品介绍

Animate 动画能够全方位展示产品的工作原理和内部结构，不仅方便客户了解产品，而且加深企业内部员工对产品的理解，有利于技术人员对产品进行设计和改进。

场景 3：企业宣传

成功的 Animate 动画可以提升企业的品牌影响力，在电视、建筑显示屏、手机等载体上发布和传播创意宣传动画，有利于公司塑造新颖的形象。而且，它比传统的电视广告更方便、更便宜。

场景 4：广告推广

Animate 动画具有亲和力强、交互性强的优点，使内容可以更高效地传播。因此，利用 Animate 制作的动画广告可以使产品获得良好的宣传推广。

任务1 Adobe Animate 入门

学习内容

（1）安装软件。
（2）启动软件。
（3）创建文件。
（4）撤销重做。
（5）缩放平移。
（6）标尺网格。
（7）保存文件。
（8）转换文件类型。

任务情景

小明家买了一台新计算机，他非常想制作出属于自己的动画作品，成为一名职业动画工作者，无奈自己是"零"基础，无从下手，于是他根据本书的教学步骤下载并安装了 Animate 软件，踏上自己的动画制作之路。

任务分析

工欲善其事必先利其器，学习动画制作前，必须先掌握动画制作软件的安装和基本操作。

因此，在本任务中，我们重点学习 Adobe Animate 的安装和基本操作，以帮助初学者快速入门动画制作。本任务的思维导图如图 5-1 所示。

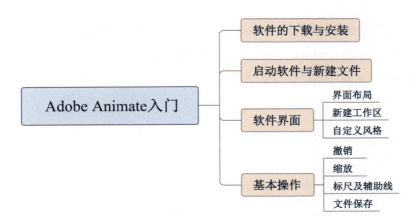

图 5-1

多媒体制作与应用

活动 1　软件的下载与安装

 操作步骤

1. 下载软件

在 Adobe Animate 的官方网站上查找合适的版本，并下载安装文件。

2. 安装软件

（1）对下载好的安装文件解压缩，如图 5-2 所示。

（2）解压缩后，运行安装文件 Set-up.exe 进入安装界面，如图 5-3 所示。

图 5-2

图 5-3

（3）单击"位置"文本框后的文件夹按钮，设置软件安装路径，如图 5-4 所示。

（4）单击"继续"按钮完成软件的安装，如图 5-5 所示。

（5）安装完成后，单击"启动"按钮，即可打开 Animate 软件，如图 5-6 所示。

提示：

为避免出现未知的程序错误，软件安装路径中应尽量避免出现中文字符。

 试一试

根据本活动介绍的安装方法，下载并安装本书需要的其他软件。

图 5-4　　　　　　　　　图 5-5　　　　　　　　　图 5-6

知识链接：常见的动画文件格式

常见的动画文件格式有 GIF、FLA、SWF、AVI、MOV、MP4、FLC 等。

1. GIF 格式（.gif）

采用 GIF 格式可以同时存储多幅静止图像并形成连续的动画，目前互联网上大量传播的彩色动画文件多为 GIF 文件。

2. FLA 格式（.fla）

FLA 格式是 Animate 的源文件格式，FLA 文件中包含媒体对象、时间轴和脚本信息等。媒体对象是组成 Animate 文件内容的图形、文本、声音和视频对象。时间轴用于决定 Animate 何时将特定媒体对象显示出来。

3. SWF 格式（.swf）

SWF 格式是 Animate 作品的主要展示格式，它采用曲线方程描述内容，而不是由点阵组成内容。因此，这种格式的动画在缩放时不会失真，适合展示由几何图形组成的动画，如教学演示等。

4. AVI 格式（.avi）

AVI 格式是对视频、音频文件采用的一种有损压缩格式。运用该格式存储文件，压缩率较高，并可以将音频和视频混合到一起。AVI 格式目前主要应用在多媒体光盘上，用于保存电影、电视等各种影像信息。

5. MOV 格式（.mov）

MOV 格式是 QuickTime 的文件格式。该格式支持 256 位色彩，支持 RLE、JPEG 等领先的集成压缩技术，提供了 150 多种视频效果及 200 多种 MIDI 兼容音响和设备的声音效果。

6. MP4 格式（.mp4）

MP4 是一套用于音频、视频信息的压缩编码标准，由国际标准化组织（ISO）和国际电工委员会（IEC）下属的"动态图像专家组"（Moving Picture Experts Group，MPEG）制定，第一版在 1998 年 10 月通过，第二版在 1999 年 12 月通过。MP4 格式主要用于网上流传、光盘保存、语音发送（视频电话），以及电视广播。MP4 具有 MPEG-1 及 MPEG-2 的绝大多数功能及其他格式的长处，并扩充了对虚拟现实模型语言（Virtual Reality Modeling Language，VRML）的支持，增加了面向对象合成档案（包括音效、视讯及 VRML 对象）、数字版权管理（DRM）及其他互动功能。MP4 比 MPEG-2 更先进的一个方面就是不再使用宏区块做影像分析，而是记录影像上的个体变化，因此即使影像变化速度很快、码率不足也不会出现方块画面。

7. FLC 格式（.flc）

FLC 格式是 Autodesk 公司出品的动画制作软件中采用的彩色动画文件格式，采用行程编码算法和 Delta 算法进行无损数据压缩。

活动 2　启动软件与新建文件

单击桌面上的快捷图标或开始菜单中的"Adobe Animate CC 2019"选项，即可启动 Animate，如图 5-7 所示。

 操作步骤

1. 新建场景

（1）在第一次启动 Animate 的时候，你可以根据实际需求，在预设好的场景中，选择合适的场景，如图 5-8 所示。

（2）创建文件之前，我们应该充分理解文件的类型，一般情况下，我们会根据具体应用场景，在 ActionScript 3.0 和 HTML5 Canvas 中选择其一，这里先选 HTML5 Canvas，如图 5-9 所示。

注意：ActionScript 3.0 或 HTML5 Canvas 是基于两种不同编程语言的文件类型，并不是所有类型文件都支持 Animate 的全部特性。例如，HTML5 Canvas 文件就不支持 3D Rotation（3D 旋转）和 Translation（翻译）工具。现有文件不支持的工具在 Animate 界面上将呈现为灰色。

项目 5　动画制作

图 5-7

图 5-8

选择 ActionScript 3.0 可以创建能在桌面浏览器 Flash Player 中播放的动画素材。

选择 HTML5 Canvas 可以创建能在 H5 和 JavaScript 现代浏览器中播放的动画素材。

2. 打开文件

打开文件的方法有很多种，我们可以根据实际情况选择最适合自己的方法。

（1）方法一：执行"文件→打开"菜单命令，在"打开"对话框中选择需要的文件，如图 5-10、图 5-11 所示。

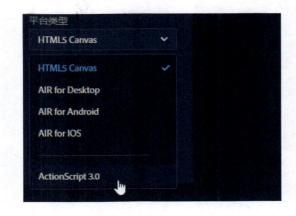

图 5-9

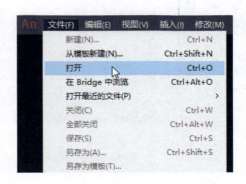

图 5-10

（2）方法二：直接按组合键 Ctrl+O（Open），在"打开"对话框中选择需要的文件，如图 5-11 所示。

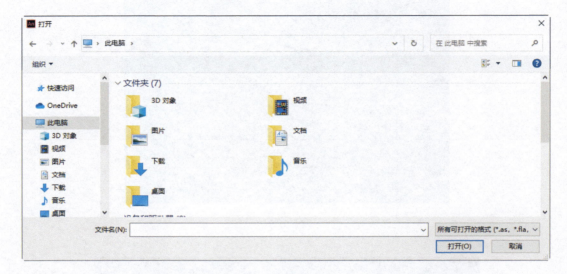

图 5-11

3. 新建文件

（1）在各场景选项卡中，都有很多固定大小的预设模板可以选择，选择后单击"创建"按钮，如图 5-12 所示。

（2）当然你也可以根据实际需要输入宽和高（以像素为单位），如"1280"和"720"，随后单击"创建"按钮，如图 5-13 所示。

图 5-12

图 5-13

4. 保存文件

执行"文件→保存"菜单命令或按组合键 Ctrl+S 保存文件，文件名为"Ainimate 界面.fla"。

知识链接：Animate 的系统要求（见表 5-1）

表 5-1　Animate 的系统要求

项　目	最　低　要　求
处理器	Intel Pentium 4、Intel Centrino、Intel Xeon、Intel Core Duo 等（2GHz 或更快的处理器）
操作系统	Windows 10 V2004、V20H2 和 V21H1 版本
RAM	8GB 内存（建议 16GB）
硬盘空间	4GB 硬盘空间用于安装；安装过程中需要更多的可用空间（无法安装在可移动闪存设备上）
显示器分辨率	1024 像素×900 像素（建议 1280 像素×1024 像素）
GPU	OpenGL 版本 3.3 或更高版本（建议使用功能级别 12_0 的 DirectX 12）
Internet	必须具备网络连接并完成注册，才能激活软件、验证订阅及访问在线服务

活动 3　软件界面

打开软件后，我们需要先熟悉各个区域的功能和用法，后期制作时才会熟能生巧。

在默认情况下，Animate 会显示菜单栏、舞台，以及时间轴、工具、属性等面板。在使用 Animate 时，可以打开面板、关闭面板、为面板分组、取消面板分组、停放面板和隐藏面板，以及在屏幕上移动面板，可按照自己的工作风格或屏幕情况对界面进行设置。

 操作步骤

1. 认识软件界面（见图 5-14）

2. 选择新工作区

选择新工作区有以下两种方式。

（1）执行"窗口→工作区"菜单命令。

（2）利用菜单栏右侧的工作区切换器切换到新工作区。

工作区切换器下有多种模式可以选择，若选择动画模式，则软件界面近似于原 Flash 的布局，而传统模式下的软件界面更接近于 Adobe 公司旗下的其他设计软件，因此可以根据个人习惯，选择适合自己的界面布局。

3. 保存工作区

除了换工作区，我们还可以对工作区进行设置。

（1）执行"窗口→工作区→新建工作区"菜单命令，如图 5-15 所示。

（2）为新工作区输入一个名称，单击"确定"按钮，如图 5-16 所示。

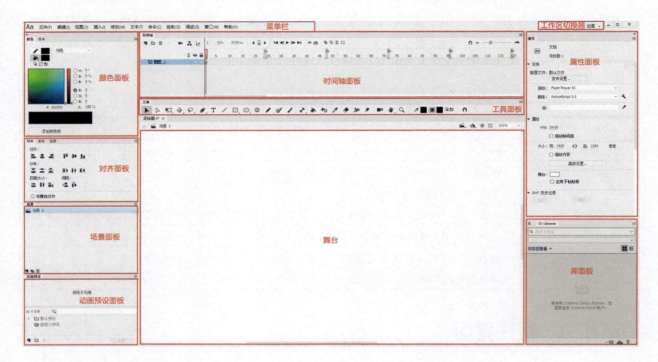

图 5-14

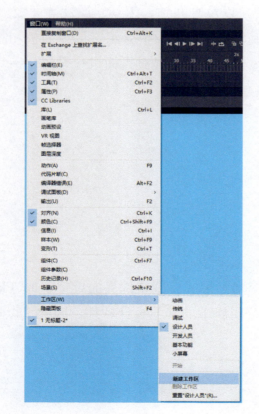

图 5-15

图 5-16

4. 设置个性化用户界面

除了工作区，软件本身的界面颜色也可以进行个性化修改。在默认情况下，Animate 的界面颜色为黑色或深灰色，我们可以更改界面颜色的深浅程度。

（1）执行"编辑→首选参数"菜单命令（快捷键为 Ctrl+U），然后在"首选参数"对话框的"常规"设置界面中找到"用户界面"下拉列表进行设置，如图 5-17 所示。

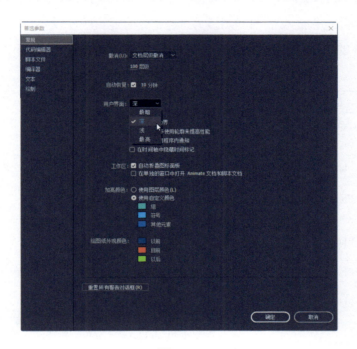

图 5-17

（2）选择好深浅程度后，单击"确定"按钮，界面效果如图 5-18 所示。

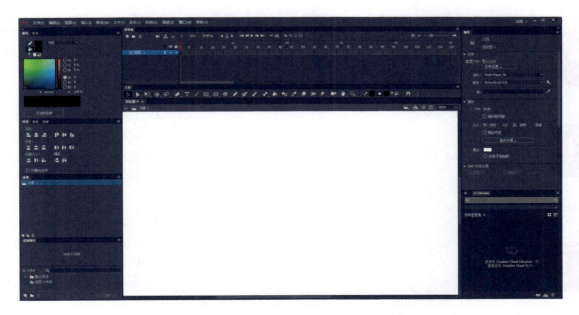

图 5-18

知识链接：Animate 的发展历史

Animate 于 1996 年首次发布，名为 FutureSplash Animator，被 Macromedia 收购后更名为 Macromedia Flash 并延续了 8 个版本，Macromedia Flash 是基于矢量图形的动画创作软件。Adobe 于 2005 年收购了 Macromedia，并将产品命名为 Adobe Flash Professional。因为超过 1/3 的创作内容使用了 HTML5，所以为了更好地服务于市场，Adobe Flash Professional 于 2016 年更名为 Adobe Animate 并加入了 HTML5 动画开发功能，随着版本的不断更迭最终有了今天的 Animate。Animate 的发展历史（1996—2022 年）如表 5-2 所示。

表 5-2　Animate 的发展历史（1996—2022 年）

图　标	版　本	年　份/年	更　新　备　注
	FutureSplash Animator	1996	Flash 原始版本，带有基本编辑工具和时间轴
	Macromedia Flash 1	1996	Macromedia 给 FutureSplash Animator 更名后的第一个版本
	Macromedia Flash 2	1997	随 Flash Player 2 发布。新特性：引入库的概念
	Macromedia Flash 3	1998	随 Flash Player 3 发布。新特性：视频剪辑、Javascript 插件、透明度和独立播放器
	Macromedia Flash 4	1999	随 Flash Player 4 发布。新特性：变量、文本输入框、增强的 ActionScript、流媒体 MP3
	Macromedia Flash 5	2000	随 Flash Player 5 发布。新特性：智能剪辑、HTML 文本格式
	Macromedia Flash MX（6）	2002	随 Flash Player 6 发布。新特性：Unicode、组件、XML、流媒体视频编码。成功应用于许多网站的主页动画与动态交互
	Macromedia Flash MX 2004（7）	2003	随 Flash Player 7 发布。新特性：文本抗锯齿、ActionScript 2.0、增强的流媒体视频和行为。动态网站交互得到加强，通过简单方法与后端数据库沟通。Macromedia Flash MX Professional 2004 拥有 Macromedia Flash MX 2004 的所有特性，另有 Web Services、ActionScript 2.0 的面向对象编程、媒体播放组件
	Macromedia Flash 8	2005	随 Flash Player 8 发布。新特性：Basic 版本中新增了滤镜和层混合模式，增加了 BitmapData 类，使 Flash 拥有了全新的位图绘图功能；Professional 版本中增强了为移动设备开发的功能，能够更方便地创建 Flash Web，以及增强了在线视频功能
	Adobe Flash CS3	2007	使用接口和其他 Adobe Creative Suite 3 应用程序结合，增强了对 Photoshop 和 Illustrator 文件的本地支持，增加了全新的 ActionScript 3.0 脚本语言，重新设计了命名空间的结构并增强了对面向对象的支持，在 Flash Player 9 中增加了针对 ActionScript 3.0 完全重新编写的虚拟机 AVM 2
	Adobe Flash CS4	2008	极大地改变了以往的动画编辑方式，新的动画补间不再由时间线的关键帧组成，而是完全基于动画对象创建，同时还增加了动画编辑器作为辅助工具；集成了 3D 变形和反向运动骨骼功能，增强了字体引擎，可以直接发布 Adobe Air 文件；增强了 ActionScript 3.0 的音频类，使其能够从数据动态输出音频；可通过中继语言（Java 等）增强与后台数据库的沟通能力

续表

图标	版本	年份/年	更新备注
Fl	Adobe Flash CS5	2010	2010年4月12日正式推出，新增了全新的文字引擎（TLF）、针对逆运动学的改善功能、代码片段（Code Snippet）面板
	Adobe Flash Professional CS5.5	2011	在苹果设备上修正了开发人员授权书，改善对 iPhone 程序开发的支持；提供了数项新的要素，具体的例子如内容的缩放、场景尺寸的改变、图层的复制与粘贴、不同 FLA 文件间组件的交换及分享、点阵化组件、自动存档与文件撤销、CS Live 在线服务的进一步集成等
Fl	Adobe Flash Professional CS6	2012	从 CS4 版本发展至今，Adobe Air 增强了其所有功能，支持将文件发布为 HTML5 和生成精灵表。这是最后一个 32 位版本，也是最后一个永久许可版本
	Adobe Flash Professional CC	2013	2013 年 6 月发布，Adobe Creative Cloud 品牌的一部分，变更了 64 位场景渲染引擎，进行了性能改善和 Bug 修复，以及移除旧功能（如 ActionScript 2.0）。作为 Creative Cloud Suite 的一部分，其为用户提供了在线同步设置或保存文件等功能
	Adobe Flash Professional CC 2014	2014	2014 年 6 月 18 日发布，新增了可变宽度画笔、SVG 导出和用于发布动画的 WebGL，改善并重新设计了 Motion Editor
Fl	Adobe Flash Professional CC 2014.1 (14.1)	2014	2014 年 10 月 6 日发布，WebGL 扩展了发布功能，可自由创建自定义画笔及导入外部 SWF。此外，SDK 可在不依赖 Flash 运行的情况下为自定义平台提供扩展
	Adobe Flash Professional CC 2015 (15)	2015	2015 年 6 月 15 日发布，改善了骨骼动画工具，可导入有音频的 H.264 视频，导出位图用作 HTML5 Canvas 的 Sprite Sheet（精灵表），增加了带缩放的画笔、通用文档类型转换器，改善了音频工作流程，改善了动画编辑器，能够快速存储 FLA 文件、自动撤销、在库中导入 GIF 图、通过链接名称进行库搜索、反转选取、粘贴、支持 WebGL 代码
An	Adobe Animate CC 2015	2016	2015 年 12 月 2 日，Adobe 宣布 Flash Professional 更名为 Animate CC，并在 2016 年 1 月发布新版本的时候，正式更名为"Adobe Animate CC。更名后除保留原有功能外，还新增了 HTML5 动画开发功能
	Adobe Animate CC 2017	2017—2019	引入了高级图层、图层深度、相机改进、舞台上的动画擦洗、基于时间的标记、新的主屏幕、图层父级、自动唇形同步、图层混合模式等功能
	Adobe Animate CC 2018		
	Adobe Animate CC 2019		
An	Adobe Animate 2020	2020	具有对 HTML5 Canvas 的流式传输、拆分音频和混合模式的支持，具有自定义范围视频导出、自动关键帧选项、资产面板介绍、快速社交分享、选择性纹理发布等功能
	Adobe Animate 2021	2021	具有增强的"仅绘制填充"画笔、图形符号的最后一帧循环选项和重要的错误修复功能
	Adobe Animate 2022	2022	为资产扭曲工具添加了绑定编辑模式、弹性骨骼和信封变形，可以通过库面板管理变形对象

活动 4 基本操作

对于软件初学者来说，要记住"软件是用不坏的"。只有勇于尝试、不断试错、反复修正，才能学得更快。

操作步骤

1. 撤销

撤销只需按组合键 Ctrl+Z。

图 5-19

2. 缩放

（1）方法一。

使用快捷键 Z 打开缩放工具（见图 5-19）。

放大：直接在舞台上单击 ⊕ 按钮。

缩小：按住 Alt 键后在舞台单击 ⊖ 按钮。

（2）方法二。

组合键 Ctrl+1：显示 100%大小。

组合键 Ctrl+2：显示帧。

组合键 Ctrl+3：显示全部。

组合键 Ctrl+4：显示 400%大小。

（3）方法三。

放大：执行"视图→放大"菜单命令（快捷键为 Ctrl + =），如图 5-20 所示。

缩小：执行"视图→缩小"菜单命令（快捷键为 Ctrl + -）。

提示：

Adobe 公司的很多设计软件的视窗操作是相同的。

3. 标尺及辅助线设置

（1）显示标尺。

执行"视图→标尺"菜单命令，如图 5-21 所示。

快捷键：Ctrl+Alt+Shift+R。

（2）添加辅助线。

按住鼠标左键，将辅助线从标尺处直接拖到舞台内即可，如图 5-22 所示。

（3）清除辅助线。

方法一：单击"选择工具"按钮，选中辅助线并将其拖回标尺处。

方法二：在舞台空白处单击鼠标右键，在弹出的快捷菜单中执行"辅助线→清除辅助线"

命令，如图 5-23 所示。

图 5-20

图 5-21

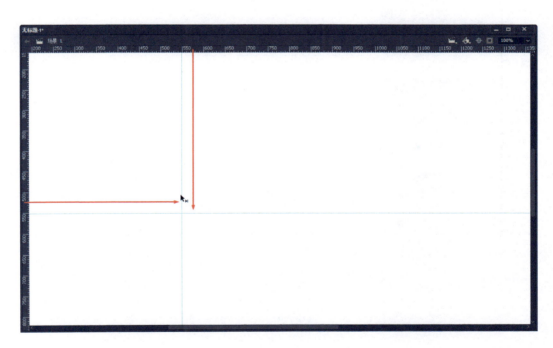

图 5-22

4. 文件保存

常见的文件保存方法如下。

方法一：执行"文件→保存"菜单命令，快捷键为 Ctrl+S，如图 5-24 所示。

方法二：执行"文件→另存为"菜单命令，快捷键为 Ctrl+Shift+S。

设置好保存路径后，设置文件名、保存类型，然后单击"保存"按钮，如图 5-25 所示。

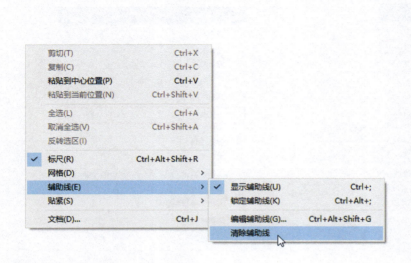

图 5-23　　　　　　　　　　　　　　　　　图 5-24

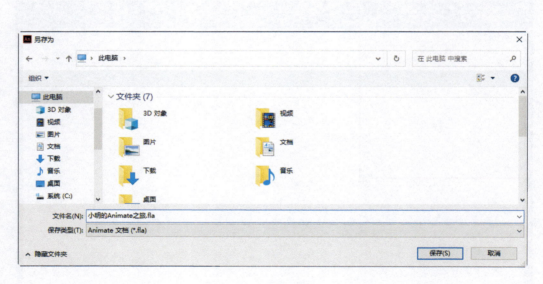

图 5-25

试一试

实践任务：新建动画文件并保存。

为 4K 动画片《小白环游记》创建动画文件，具体要求如下。

（1）画面尺寸为 3840 像素×2160 像素，背景颜色为黑色。

（2）文件名为"小白.fla"。

（3）显示标尺，并新建辅助线。

可参考使用如下快捷键。

新建文件：Ctrl+N。

文档设置：Ctrl+J。

显示标尺：Ctrl+Alt+Shift+R。

显示或隐藏辅助线：Ctrl+;。

保存文件：Ctrl+S。

注意：为网格设置合适的间距和颜色。

知识链接：Animate 常用快捷键

学习使用快捷键是提高技能水平的捷径，掌握快捷键能够极大地提高工作效率，Animate 的常用快捷键如图 5-26 所示。

图 5-26

任务 2　制作"绿色出行"海报

学习内容

（1）选择工具。
（2）任意变形工具。
（3）渐变变形工具。
（4）线条工具。
（5）钢笔工具。
（6）铅笔工具。
（7）矩形/椭圆工具。
（8）颜料桶工具。
（9）墨水瓶工具。
（10）宽度工具。
（11）移动工具。
（12）文字工具。
（13）工具面板、时间轴面板。
（14）颜色面板、属性面板。
（15）库面板、对齐面板。

任务情景

小明刚入职的公司最近接了一个汽车广告项目。小明的任务是为新能源汽车制作一张海报，鼓励大家绿色出行的同时促进汽车市场的发展。

甲方要求海报能够展现一种休闲、乐观的生活态度，激发观看者在工作、学习之余亲近自然。

任务分析

本任务的重点是在 Animate 中进行图形绘制，需要熟悉图形绘制的工具和方法。

具体地，我们需要掌握各种绘图工具的使用方法和技巧，能够绘制简单的动画素材；了解元件的类型和创建方法，学会使用库面板和对齐面板；绘制一辆家用新能源汽车和与其相配的远山背景，最后添加"绿色出行"文字；要做到构图均衡，色彩搭配协调。

本任务的思维导图如图 5-27 所示。

项目 5　动画制作

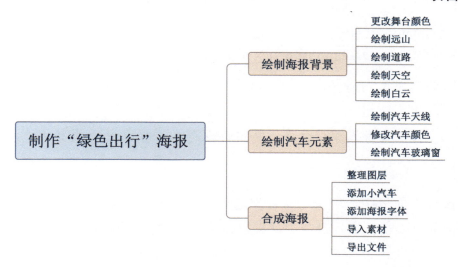

图 5-27

活动 1　绘制海报背景

使用"钢笔工具"和"线条工具"绘制远山和白云，并使用"宽度工具"和"移动工具"调整线条粗细。然后，使用"油漆桶工具"为天空填充渐变色，并使用"渐变变形工具"调整色彩效果。

 操作步骤

1. 新建文件（见图 5-28）

图 5-28

(1)启动 Animate，在新建文件时，选择"广告"场景。

(2)将宽度和高度设置为420像素和570像素。

(3)将平台类型设置为HTML5 Canvas。

(4)单击"创建"按钮。

(5)执行"文件→保存"菜单命令，将文件保存为"绿色出行-背景.fla"。

2. 更改舞台颜色

(1)在"属性"面板中，单击"舞台"选项右侧的白色色块。

(2)在弹出的"默认色板"窗口中，直接在符号#后输入RGB值"D1E3F9"，如图5-29所示；或者单击"默认色板"窗口右上角的圆形按钮，在弹出的"颜色选择器"对话框中，将颜色调整为"#D1E3F9"，单击"确定"按钮，如图5-30所示。

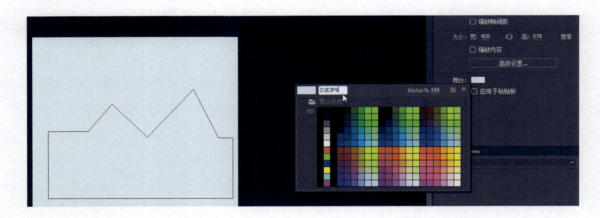

图 5-29

图 5-30

注意： 只要天空颜色显示为浅蓝色就可以了，不必特别在意颜色的数值，此处仅为讲解如何精确修改颜色参数。

3. 修改图层名称

(1)在"时间轴"面板中，双击图层名称，将"图层1"改为"远山"，如图5-31所示。

图 5-31

（2）在"工具"面板中单击"线条工具"按钮（快捷键为 N），将"笔触颜色"设置为"#006600"，在舞台中下部绘制远山的基本线条，如图 5-32 所示。

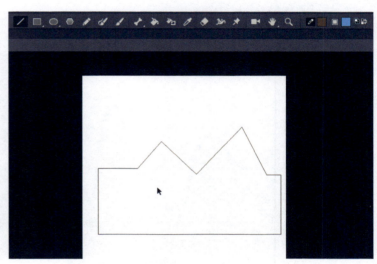

图 5-32

（3）单击"选择工具"按钮（快捷键为 V），拖动线段，将山脉起伏表现出来，如图 5-33 所示。

（4）单击"颜料桶工具"按钮（快捷键为 K），在"属性"面板中单击"填充"按钮，将颜色设置为"#66CC33"，然后单击远山内部区域完成颜色填充，如图 5-34 所示。

（5）单击"宽度工具"按钮（快捷键为 U），在远山的线条上选取 4 个锚点，拖动锚点调整线条的宽度，如图 5-35 所示。

（6）在"时间轴"面板中，单击"新建图层"按钮，新建一个图层，双击新建的图层名称，将其修改为"道路"，如图 5-36 所示。

（7）单击"矩形工具"按钮；然后在"属性"面板中单击"填充"按钮，将颜色设置为"#E1D570"，将笔触大小调整为"5"；接着在远山底部从左上方到右下方拖出一个矩形，当作道路，如图 5-37 所示。

（8）在"时间轴"面板中，新建一个图层"天空"，将其拖到底层，如图 5-38 所示。

多媒体制作与应用

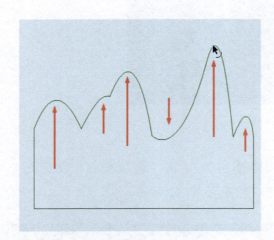

图 5-33

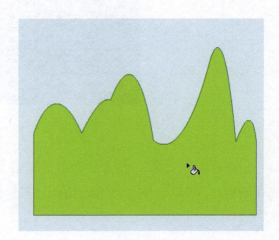

图 5-34

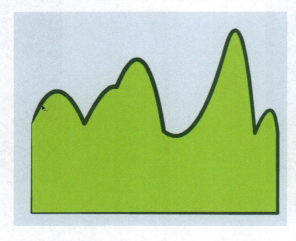

（a）

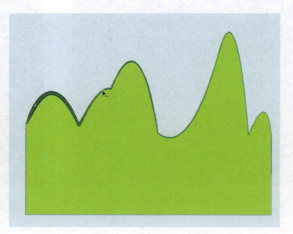

（b）

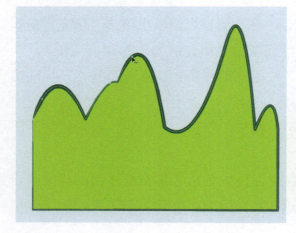

（c）

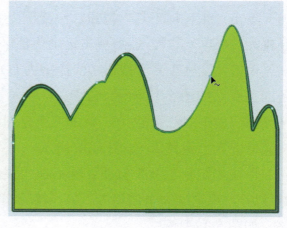

（d）

图 5-35

项目 5　动画制作

图 5-36

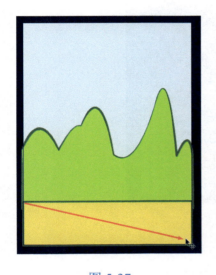

图 5-37

图 5-38

（9）单击"矩形工具"按钮（快捷键为 R），在舞台上拖出一个与舞台等大的矩形。

（10）单击"选择工具"按钮，选中矩形区域，打开"颜色"面板，选择"线性渐变"选项，单击渐变条左侧的控制点，将颜色设置为"#54AADE"，单击右侧控制点，将颜色设置为"#BBB8F5"，如图 5-39 所示。

（11）单击"渐变变形工具"按钮（快捷键为 F），拖动右上角的旋转控制器调整渐变效果，如图 5-40 所示。

（12）在"时间轴"面板中，新建一个图层，命名为"白云"，将其拖到图层列表的最上层，单击"钢笔工具"按钮（快捷键为 P），在舞台上连续单击绘制云的基本轮廓，如图 5-41（a）所示。

（13）单击"选择工具"按钮，拖动上一步绘制好的线段，将它们调整成曲线，如图 5-41（b）所示。

（14）单击"颜料桶工具"按钮，将填充颜色设置为白色，单击云的内部填充颜色。然后，单击"墨水瓶工具"按钮（快捷键为 S），将笔触颜色设置为灰色，单击云的内部修改轮廓的笔触颜色，如图 5-41（c）所示。

275

（15）单击"任意变形工具"按钮（快捷键为 Q），拖动控制器调整角度，如图 5-41（d）所示。

图 5-39

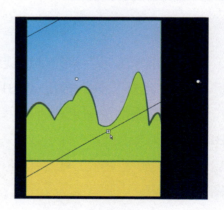

图 5-40

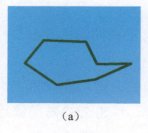　　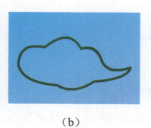　　　　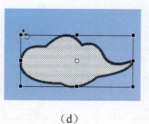

（a）　　　　　　　　（b）　　　　　　　　（c）　　　　　　　　（d）

图 5-41

（16）选中白云，单击鼠标右键，在弹出的快捷菜单中选择"转换为元件"命令（或者在选中状态下直接按快捷键F8），在"转换为元件"对话框中将名称设置为"白云"，将类型设置为"影片剪辑"，如图5-42所示。

图 5-42

（17）执行"编辑→复制"菜单命令复制该元件，执行"编辑→粘贴到中心位置"菜单命令将该元件粘贴到舞台中心。然后，单击"任意变形工具"按钮，拖动任意一个控制器将白云进行等比例缩小，然后将其移动到左侧，如图5-43所示。

（18）执行"文件→保存"菜单命令保存文件，文件名为"绿色出行-背景"（后缀为.fla）。

提示：

虽然软件提供了自动保存功能，但是为了避免死机、停电等情况造成的文档未保存情况发生，可设置每隔一段时间自动进行一次保存操作。

 试一试

根据示例步骤自行制作本任务的海报背景，注意快捷键的使用，不要过分依赖菜单命令，并尝试使用不同的方法制作云彩和山体图案。

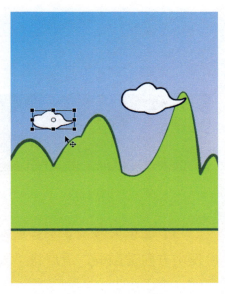

图 5-43

📚 **知识链接：颜色不透明度设置**

在设置"线性渐变"和"径向渐变"时，单击渐变条会在单击处下方添加一个控制点，我们可以对控制点进行拖曳、互换位置等操作。

透明度不能在色板中直接设置，可通过在"颜色"面板中修改"A：100%"中的百分数来调整颜色的不透明度（默认为100%）。Alpha在Animate中往往代表颜色的不透明度，0%为完全透明，100%为完全不透明。

活动2　绘制汽车元素

 操作步骤

1. 绘制汽车天线

（1）打开素材文件"汽车.fla"，在"时间轴"面板中新建一个图层，命名为"天线"，如图 5-44 所示。

（2）单击"椭圆工具"按钮，在汽车中后部绘制一个椭圆形当作天线底座，然后单击"线条工具"按钮，在底座上绘制一条天线，双击天线打开"属性"面板，将笔触大小调整为"1.50"，如图 5-45 所示。

图 5-44

图 5-45

（3）如果天线位置不合适，则可以单击天线图层第一帧的关键帧选中帧内所有内容，然后使用方向键微调，最后将"天线"图层移动至汽车图层下方，调整后效果如图 5-46 所示。

2. 修改汽车颜色

（1）双击车身部位，在"属性"面板中编辑汽车的填充颜色，将颜色改为"#3366FF"，同样的操作也适用于天线底座，如图 5-47 所示。

（2）填充完车身颜色后，双击场景空白处结束编辑。

（3）双击车灯部位，使用同样的操作将车灯颜色修改为"#FFFF66"，如图 5-48 所示。

（4）双击图 5-48 中的车窗部位，单击"线条工具"按钮，绘制 4 条平行线（注意要超过车窗的上下边缘），选择部分平行线间的区域作为车窗的反光，填充颜色为"#A1D7E2"，效果如图 5-49 所示。

（5）单击选中超出车窗的线条，按 Delete 键删除，如图 5-50 所示。删除所有多余线条。

（6）如图 5-51 所示，框选舞台内的所有内容，按 F8 键将所选内容转换为影片剪辑元件，命名为"蓝色汽车"，随后按组合键 Ctrl+S 进行保存。

项目 5　动画制作

图 5-46　　　　　　　　　　　　　　　图 5-47

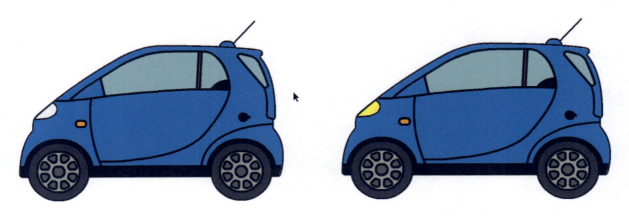

图 5-48

图 5-49　　　　　　　　　　　　　　　图 5-50

279

图 5-51

试一试

根据老师的教学演示，尝试制作蓝色汽车。当然也可以根据自己的喜好，自主更改汽车的颜色。

知识链接：图层中的层级关系

1. 图层中的层级关系

同一图层中的不同部分之间也有相互叠压的上下层位置关系，往往后编辑（绘制）的组或对象会被置顶，如图 5-52 所示。

调整图层中层级关系的快捷键：向上层调整，Ctrl+↑；向下层调整 Ctrl+↓；调整到最上层：Ctrl+Shift+↑。

图 5-52

2. 图像元素之间的层级关系

图像元素之间的层级关系如图 5-53 所示，利用这种关系可以避免已经被编辑好的图层内容被破坏。

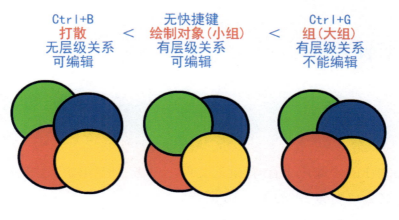

图 5-53

3. "过删"技巧

在 Animate 中，同种属性的元素在"打散"状态下会相互融合，后加入的元素会"吃掉"先加入的元素。我们可以利用这一特点选择区域，再删除辅助元素，从而实现精准的局部选择。这就是不破坏外轮廓线的"过删"技巧，如图 5-54 所示。

图 5-54

使用"过删"技巧时，先绘制超过外轮廓线的辅助元素，再将辅助元素删除，如图 5-55 所示。

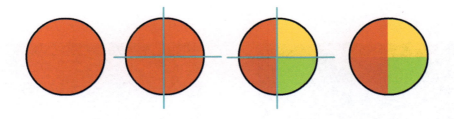

图 5-55

注意：为了方便操作，一般用于切割的辅助元素与需要保留的元素不使用同一种颜色。

活动 3　合成海报

 操作步骤

1. 整理图层

（1）打开之前制作的"绿色出行-背景"文件，单击"时间轴"面板上的"新建文件夹"按钮，将文件夹命名为"背景"，如图 5-56 所示。

（2）在按住 Shift 键的同时，选中"白云""道路""远山""天空"4 个图层，并将它们拖入"背景"文件夹内，如图 5-57 所示。

图 5-56

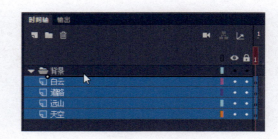

图 5-57

（3）单击"背景"文件夹右侧的"显示或隐藏所有图层"按钮查看图像内容是否会消失，以确认各图层是否在文件夹内。

（4）单击"背景"文件夹右侧的"锁定或解除锁定所有图层"按钮，避免误操作修改背景内容，如图 5-58 所示。

2. 添加小汽车

（1）单击"时间轴"面板上的"新建图层"按钮，将新图层命名为"小汽车"，如图 5-59 所示。

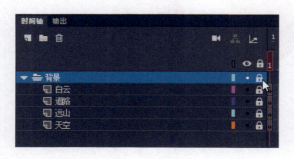

图 5-58　　　　　　　　　　　　图 5-59

（2）使用快捷键 Ctrl+O 打开之前绘制的"汽车.fla"，右击蓝色汽车元件，在弹出的快捷菜单中选择"复制"命令，如图 5-60 所示。

（3）回到"绿色出行-背景.fla"文件中，执行"编辑→粘贴到中心位置"菜单命令，粘贴效果如图 5-61 所示。

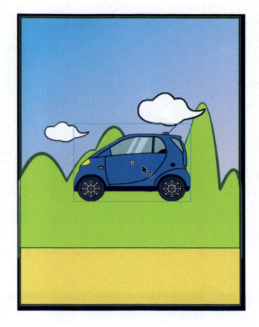

图 5-60　　　　　　　　　　　　　图 5-61

（4）使用"选择工具"选中小汽车并将其移动到合适的位置，如图 5-62 所示。

3．添加文本

（1）新建一个图层，将图层命名为"标题"。单击"文本工具"按钮（快捷键为 T），在"属性"面板中，设置系列为"微软雅黑"、大小为"45 磅"、颜色为"＃003366"，如图 5-63 所示。

（2）在舞台上部中间位置拖出一个用于显示文本的矩形框，输入"绿色出行"，字母间距为"10"（以点为单位）。

（3）单击"标题"图层，选中舞台中的文字，执行两次"修改→分离"菜单命令（快捷键为 Ctrl+B），将文字分离成单个文字，再分离成形状。

（4）新建一个图层，命名为"标题副本"。选中"标题"图层中的文字，按组合键 Ctrl＋C 复制，再单击"标题副本"图层，按组合键 Ctrl＋Shift＋V 原位置粘贴。单击"标题副本"图层右侧的"锁定或解除锁定图层"按钮，将"标题副本"图层锁定，如图 5-64 所示。

（5）先单击"标题"图层，再单击"墨水瓶工具"按钮，将笔触颜色设为"＃FFFFFF"，将笔触大小设为"3.00"，将宽度设为"均匀"，单击文字的每个连续形状并填充为白色，描边效果如图 5-65 所示。

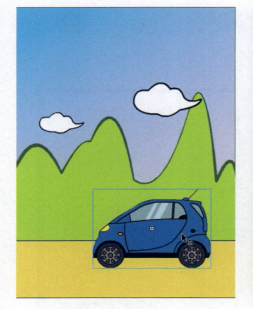
图 5-62

图 5-63

图 5-64

图 5-65

（6）在"标题"图层中，执行"修改→形状→将线条转换为填充"菜单命令，如图 5-66 所示。

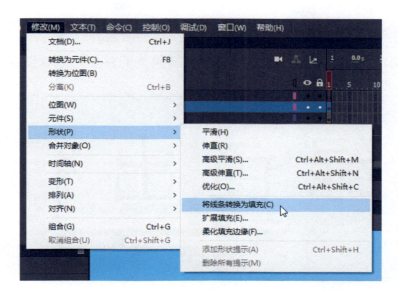

图 5-66

（7）如图 5-67 所示，单击"标题副本"图层并解锁，执行"编辑→剪切"菜单命令或按组合键 Ctrl＋X 剪切"标题副本"图层中的文字。

图 5-67

（8）单击"标题"图层，执行"编辑→粘贴到当前位置"菜单命令或按组合键 Ctrl＋Shift+V 粘贴图层中的文字。

（9）在"标题"图层中，分别框选每个文字，并执行"修改→转换为元件"菜单命令或按 F8 键将文字转换为"影片剪辑"元件，将元件分别命名为"绿""色""出""行"（见图 5-68）。将"标题副本"图层中的所有单独文字都转换为元件后，删除图层，如图 5-69 所示。

图 5-68

图 5-69

（10）旋转文字，以增加画面的活泼感。单击"变形"按钮，或者执行"窗口→变形"菜单命令（快捷键为 Ctrl+T），展开"变形"面板，单击"绿"元件实例将"旋转"设置为"-20°"，如图 5-70 所示。用同样的方法，将"色"元件实例旋转 -10°、"出"元件实例旋转 10°、"行"元件实例旋转 -20°。

（11）调整间距。选中所有文字元件实例，按快捷键 Q，适当放大字体，并将每个字摆放至合适的位置，如图 5-71 所示。将"绿"元件实例向左移动一段距离，将"行"元件实例向右移动一段距离，拉开标题字符间的距离。

（12）选中"标题"图层中的所有元件实例，展开"对齐"面板，并单击"水平居中分布"按钮，如图 5-72 所示。

图 5-70

图 5-71

图 5-72

4. 导入素材

（1）新建一个图层，命名为"蒲公英"。执行"文件→打开"菜单命令，打开"蒲公英素材.fla"。将舞台切换到"绿色出行-背景.fla"窗口，在"库"面板中选择"蒲公英素材.fla"选项，此时切换到"蒲公英素材"库，将"蒲公英"元件实例拖到舞台中，如图 5-73 所示。

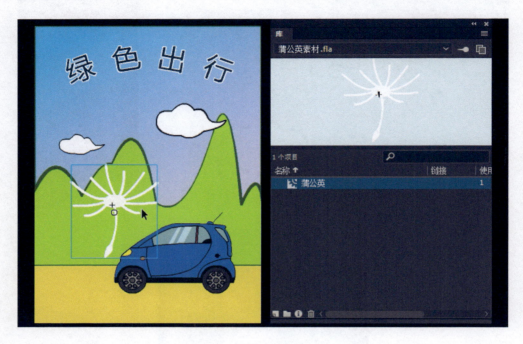

图 5-73

（2）单击"任意变形工具"按钮，按住 Shift 键对蒲公英进行等比例缩放，并将其移动到合适的位置。为了美观，我们可以多复制几个"蒲公英"元件实例，对它们进行缩放并调整位置，效果如图 5-74 所示。

图 5-74

（3）海报合成完毕后，执行"文件→另存为"菜单命令或按组合键 Ctrl+Shift+S，将文件保存为"绿色出行-海报.fla"。

试一试

根据本任务的案例演示，尝试对齐、变形、将线条转化为填充等操作，并熟悉使用"库"面板切换、调用元件的方法。

知识链接：线条与形状

1. 线条与形状的概念

线条与形状是基本的元素。线条是指线段或曲线，可以修改宽度。形状是指一个固定的区域，可以修改范围。

选择线条或形状后，在"属性"面板中均显示为形状。但是在选择线条时，只能对线条的相关属性进行设置；在选择形状时，只能对形状的相关属性进行设置。"笔触"属性用于表示线条的粗细，拖动控制点或在文本框中直接输入数值可修改线条的粗细。

2. 线条转换为填充

通过执行"修改→形状→将线条转换为填充"菜单命令可以将线条转换为填充，如图 5-75 所示。注意，填充（形状）无法转换为线条。

3. 线条的属性

我们可以在"属性"面板中对线条的笔触、样式等相关属性进行设置，如图 5-76 所示。

图 5-75

图 5-76

任务 3 制作"文创 T 恤衫"

学习内容

（1）元件的使用与编辑。
（2）库面板的操作和用法。
（3）滤镜的使用。

任务情景

小明的公司最近接到一个订单，一个智能机器人公司准备组织一次团建，需要设计一款文创 T 恤衫，经理把任务交给了小明，要求 T 恤衫上的图案使用该公司的文创机器人 IP 形象。

任务分析

本任务要求学会使用库面板及创建元件的方法，将文创机器人 IP 形象转换为元件。在制作大量重复图形的时候，从库面板中调用元件可极大地提高制作效率。同时，元件方便修改的特性方便后期调整。

先打开不同的素材文件，将图形转换为元件并逐个命名。选中其中一个元件放入舞台进行编辑，添加滤镜效果。完成后将滤镜效果粘贴到其他复制出来的元件中，要注意元件可以复制，但复制滤镜效果需要单独操作。本任务的思维导图如图 5-77 所示。

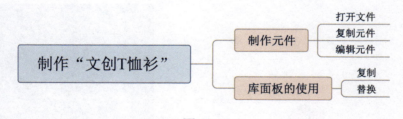

图 5-77

活动 1 制作机器人元件

操作步骤

1. 打开文件

（1）执行"文件→打开"菜单命令（快捷键为 Ctrl+O），打开"01.T 恤衫素材.fla"和"02.机器人图案-素材.fla"文件，如图 5-78 所示。

图 5-78

（2）选择"02.机器人图案-素材.fla"文件中的绿色机器人，执行"修改→转换为元件"菜单命令（快捷键为 F8），转换为"影片剪辑"元件，命名为"绿色机器人"，单击"确定"按钮，如图 5-79 所示。

（3）选择"02.机器人图案-素材.fla"文件中的红色机器人，执行"修改→转换为元件"菜单命令，转换为"影片剪辑"元件，命名为"红色机器人"，单击"确定"按钮，如图 5-80 所示。

图 5-79　　　　　　　　　　　　　　　　　　　图 5-80

（4）选择"02.机器人图案-素材.fla"文件中的蓝色机器人，执行"修改→转换为元件"菜单命令，转换为"影片剪辑"元件，命名为"蓝色机器人"，单击"确定"按钮，如图 5-81 所示。

多媒体制作与应用

（5）选择"02.机器人图案-素材.fla"文件中的紫色机器人，执行"修改→转换为元件"菜单命令，转换为"影片剪辑"元件，命名为"紫色机器人"，单击"确定"按钮，如图5-82所示。

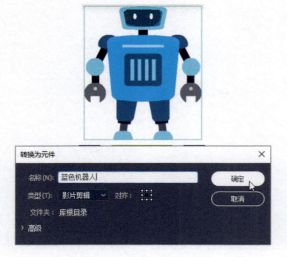
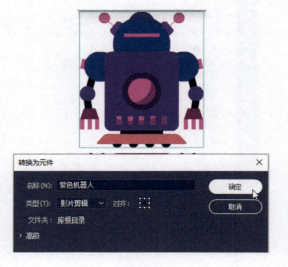

图 5-81　　　　　　　　　　　　　　　　图 5-82

2. 复制元件

（1）执行"窗口→库"菜单命令（快捷键为Ctrl+L），或者单击"属性"面板中的"库"按钮，打开"库"面板，检查4个机器人元件是否转换成功，如图5-83所示。

（2）选择"蓝色机器人"元件，执行"编辑→复制"菜单命令。

（3）回到"01.T恤衫素材.fla"文件窗口，锁定"T恤"图层后，新建图层并将其命名为"机器人图案"，如图5-84所示。

（4）执行"编辑→粘贴"菜单命令，或者直接将"蓝色机器人"元件从元件库中拖到"机器人图案"图层，如图5-85所示。

（5）执行"修改→变形→任意变形"菜单命令，按住Shift键的同时移动"任意变形工具"进行等比例缩放，最后将修改后的机器人图案放在T恤衫的合适位置上，如图5-86所示。

（6）用同样的方法再复制3个"蓝色机器人"元件，按住Shift键进行等比例缩放，最后将它们放在T恤衫的合适位置上，如图5-87所示。

3. 编辑元件

（1）单击任意一个机器人元件，在右侧的"属性"面板中找到"滤镜"选项，单击旁边的"+"按钮添加"投影"滤镜，如图5-88所示。

（2）修改"投影"滤镜的参数：模糊X为0像素，模糊Y为0像素，品质为高，角度为0°，距离为5像素、颜色为#CCCCCC，如图5-89所示。

项目 5　动画制作

图 5-83

图 5-84

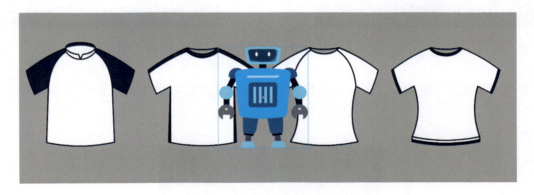

图 5-85

图 5-86

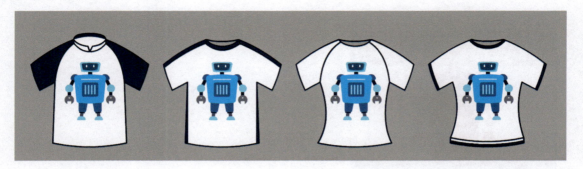

图 5-87

图 5-88

图 5-89

（3）单击右侧的"齿轮"图标，展开下拉列表，选择"复制所有滤镜"命令，如图 5-90 所示。

图 5-90

（4）回到舞台，按住 Shift 键，依次单击后面 3 个没有被附加滤镜的机器人图案，如图 5-91 所示。

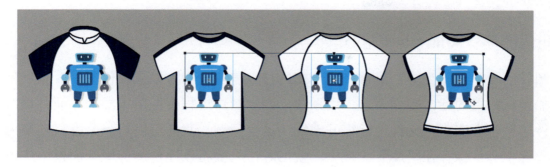

图 5-91

(5)单击右侧的"齿轮"图标,展开下拉列表,选择"粘贴滤镜"命令,将第一个机器人的滤镜复制到其他机器人上,如图 5-92 所示。

图 5-92

(6)执行"文件→另存为"菜单命令保存文件,文件名为"同款 T 恤衫-完成.fla",T 恤衫效果如图 5-93 所示。

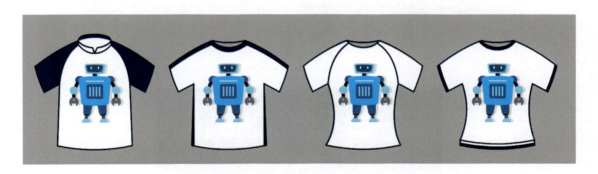

图 5-93

 试一试

从视觉效果上看,机器人的头部略小,我们可以尝试双击元件或按组合键 Ctrl+E 进入元件编辑模式,对机器人进行适当修改,看看会有什么神奇的变化发生。

知识链接：Animate 中的元件

在制作动画的过程当中，经常会有一些素材被重复使用。如果仅仅使用复制、粘贴的方法来增加素材数量的话，则会大量占用系统资源，制作过程会变得很漫长，而且最终输出的动画文件体积也会变大。元件能够很好地解决这个问题。我们可以将一个素材转换为元件，这样该元件就会被保存在"库"面板中。使用时，只要将该元件从"库"面板中拖出来就可以了。这样即便使用该素材的次数很多，由于实际上使用的是同一个元件，所以占用的系统资源很少。

不仅如此，元件还有"一改全改"的特性，即修改一个元件，场景中的所有相同元件都会被修改，这使得制作效率大大提高，给动画制作带来了极大的方便。

1. 新建元件的方法

新建一个空白元件的方法很简单，执行"插入→新建元件"菜单命令，如图 5-94 所示；或者直接按组合键 Ctrl+F8，就可以弹出"创建新元件"对话框了。在"名称"文本框中输入该元件的名称，并设置类型，如图 5-95 所示。

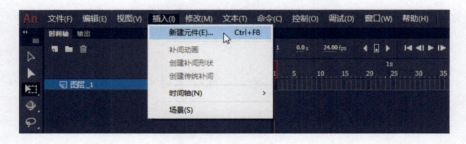

图 5-94

图 5-95

2. 元件的类型

在 Animate 中，元件一共有三种类型，分别是影片剪辑、按钮和图形。

Animate 帮助文档对这三种不同类型的元件有如下解释。

影片剪辑元件：可以创建能够重复使用的动画片段；拥有各自独立于主时间轴的多帧时间轴，包含交互式控件、声音甚至其他影片剪辑元件，也可以放在按钮元件的时间轴内用于创建动画按钮。此外，影片剪辑元件可以使用 ActionScript 编程语言进行重新定义。

按钮元件：可以创建用于响应鼠标单击等动作的交互式按钮；定义与各种按钮状态关联的图形，然后将动作指定给按钮实例。

图形元件：可用于静态图像，并可用来创建连接到主时间轴、能够重复使用的动画片段，图形元件与主时间轴同步运行；交互式控件和声音在图形元件的动画序列中不起作用。

3. 元件的特点

从 Animate 帮助文档中不难看出三类元件的定位：影片剪辑元件为动态元件，按钮元件为交互式元件，图形元件为静态元件。影片剪辑元件必须以 SWF 格式导出才能正常观看动画效果，而其他格式都无法正常播放。这给动画制作人员带来了极大的不便。调好的动画效果在舞台当中不能预览，无法进行实时定位，必须导出才能看到合成的效果。

以下是来自动画从业人员的一些意见。

（1）影片剪辑元件尽可能只作为静态素材的元件使用。很多效果，如滤镜、混合模式等，只能在影片剪辑元件中使用。

（2）元件的滤镜效果不像元件内部元素一样会改变其他舞台中的同名元件，因此需要单独复制。

（3）如果影片必须使用影片剪辑元件，并且要导出视频文件，则可以通过第三方软件来辅助实现。例如，使用 Premiere 将 SWF 文件转换为其他格式的视频文件。

4. 元件的编辑

在对元件进行编辑前，我们要明白，舞台上同一种（库中同名称）元件都是关联的，如果对其进行修改，则舞台上的所有该元件都会进行更新。

（1）如果元件在舞台中，则直接双击该元件就可以进入内部进行编辑。

（2）如果元件在"库"面板中没有被拖到舞台，则可以在"库"面板中双击该元件进入其内部进行编辑。

（3）编辑完毕以后，可以单击舞台左上角的场景名称返回舞台，也可以双击元件周围的空白区域返回舞台。

在 Animate 中可以对元件进行整体调整。选中需要调整的元件，在"属性"面板中，展开"色彩效果"选区，其中"样式"下拉菜单中有 5 个选项，如图 5-96 所示。

（1）无：对该元件不需要添加任何色彩效果。

（2）亮度：对该元件进行亮度调整。选择该选项后，下面会出现一个亮度条，拖动控制点可调节亮度，数值越大亮度越高。

（3）色调：对该元件进行色调调整。选择该选项后，右侧会出现一个色块，单击可以进行颜色的调整，而下面会出现"色调""红""蓝""绿"四个调节条。具体调节方法为，先单击色块，设定好主色调，然后调节下面的"色调"参数，值越高，元件就越接近主色调的颜色，而"红""蓝""绿"3 个参数可以更加细致地调节主色调的 RGB 值。

（4）高级：该选项可调节的参数是最多的，包括"Alpha""红""绿""蓝"4 个参数，每个参数有两个值，分别为百分比和偏移值，用于进行更加细致的调整。

（5）Alpha：调节元件的透明度。选择该选项后，可拖动控制点调整元件的透明度，数值越低，元件越透明。

图 5-96

一些整体编辑命令是影片剪辑元件和按钮元件所独有的。选中需要调整的影片剪辑元件或按钮元件，在"属性"面板中可以看到"显示"和"滤镜"两个选区。展开"显示"选区，在"混合"选项后面有一个下拉菜单，其中有多种选项。经常使用 Photoshop 的读者对这些选项应该不会陌生，这些都是图层混合模式的选项，这里不再赘述，大家可以动手试一试这些选项的作用。

5. 元件的交换

我们有时对一个元件加了很多特效后忽然发现，最初需要加特效的元件选错了。这时可以用到"交换元件"命令，将 A 元件替换为 B 元件，而所添加的特效也会保留下来。

具体操作如下：在舞台上右击需要交换的元件，在弹出的快捷菜单中选择"交换元件"命令，如图 5-97 所示；随后在"库"面板中选择需要交换的元件，单击"确定"按钮，即可完成交换元件的操作。

图 5-97

活动 2 使用库面板调用其他元件

任务情景

刚做完 T 恤衫的小明突然接到经理的电话,甲方要求男款和女款 T 恤衫的图案有所区别。

操作步骤

1. 库文档的复制

(1)打开"02.机器人图案-素材.fla"和"03.同款 T 恤衫-完成.fla"文件,如图 5-98 所示。

(2)打开"库"面板,在文档处选择"02.机器人图案-素材.fla"选项,按住 Shift 键选择绿色机器人、红色机器人和紫色机器人,复制三个机器人元件,如图 5-99 所示。

图 5-98

(3)在"库"面板文档处选择"03.同款 T 恤衫-完成.fla"选项,将三个机器人元件粘贴至本文档,如图 5-100 所示。

图 5-99

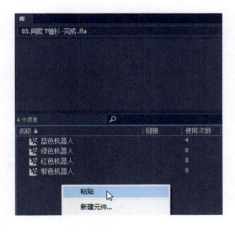

图 5-100

2. 库文档的替换

（1）在舞台中选中女款 T 恤衫的图案元件并右击，在弹出的快捷菜单中选择"交换元件"命令，如图 5-101 所示。

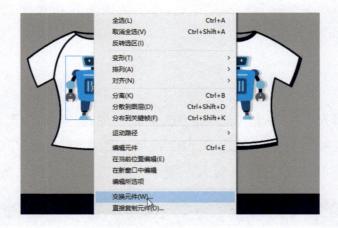

图 5-101

（2）在"库"面板中选择"紫色机器人"元件，单击"确定"按钮完成交换，如图 5-102 所示。

图 5-102

（3）重复上述操作，将另一件女款 T 恤衫的图案替换为红色机器人，如图 5-103 所示。

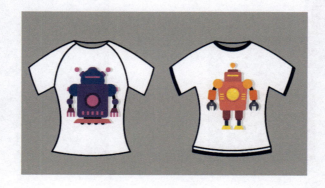

图 5-103

（4）为了增加图案的丰富度，将其中一件男款 T 恤衫的图案替换为绿色机器人，如图 5-104 所示。

图 5-104

（5）执行"文件→另存为"菜单命令，将文件保存为"四款 T 恤衫.fla"。

试一试

自主搜索一个喜欢的图案，运用本任务的 T 恤衫素材，制作一件属于自己的原创 T 恤衫。

知识链接：库面板及其使用方法

1. 库面板

在 Animate 中，所有的制作基本上都是在"舞台"中进行的，而在现实生活中每一个舞台都会有后台，所有的演员都在后台化妆、休息，等待上舞台表演节目。这个后台在 Animate 中就是库面板。

库面板像一个图书馆，存储一部动画的所有文件。准确地说，库面板是 Animate 中存储和组织元件、位图、矢量图形、声音、视频等文件的容器，方便在制作过程中随时调用。

每一种素材在库面板中都会以不同的图标显示，这样便于识别出不同的库资源，方便用户进行浏览和选择。如果素材较多，则还可以创建文件夹，将素材进行分类排放。

库面板有搜索功能，可以通过该功能搜索库中的相应素材。在制作动画的过程中，库面板是使用次数最多的面板之一，库面板中的素材摆放是否合理、明确将对动画制作的效率产生极大的影响，这在制作大型动画或动画系列片时尤为明显。

2. 库面板的操作

打开和关闭库面板的快捷键是 Ctrl+L，我们也可以执行"窗口→库"菜单命令打开库面板。库面板一般位于整个 Animate 界面的右侧，面板结构如图 5-105 所示。

（1）库名称：用于显示该库的名称，单击右侧的下拉按钮，展开下拉菜单，已经打开的所有 Animate 文件的库都会显示出来，便于调取其他文件库中的素材。

（2）预览窗：能够显示被选中元素的预览画面。

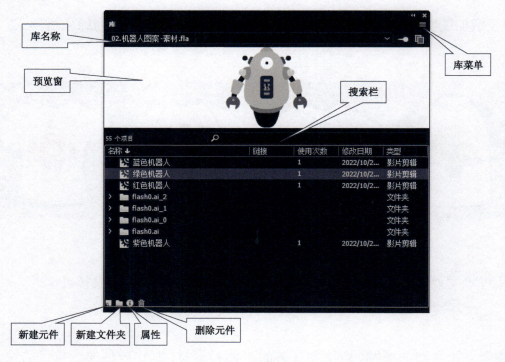

图 5-105

(3) 库菜单：单击可以弹出库面板的操作菜单，里面有和库相关的各种操作命令。

(4) 搜索栏：输入所需素材的关键字，即可在库面板中进行搜索。

(5) 新建元件：单击该按钮后，会弹出"创建新元件"对话框。

(6) 新建文件夹：单击该按钮后，会自动在库面板中创建一个未命名文件夹。

(7) 属性：选中库面板中的文件，单击该按钮可以弹出该文件的属性面板，便于查看。

(8) 删除元件：选中库面板中的文件，单击该按钮可以将文件删除。

课后习题

1. 选择题

(1) 对元件实例进行缩放的工具是（　　）。

  A．任意变形工具   B．资源变形工具

  C．宽度工具   D．选择工具

(2) Animate 动画可以导出为（　　）格式动画。

  A．.png B．.jpg C．.pdf D．.gif

(3) 补间动画制作减速效果需要使用（　　）属性。

  A．加速度 B．缓动 C．惯性 D．阻力

（4）在形状补间动画中选择（　　）可以添加形状提示。

　　A．第一个关键帧　　　　　　B．中间帧

　　C．最后一个关键帧　　　　　D．任意一帧

（5）移动变形手柄的位置可以使用（　　）工具。

　　A．选择工具　　　　　　　　B．部分选取工具

　　C．资源变形工具　　　　　　D．手形工具

答案：A、D、B、C、B。

2．判断题

（1）"橡皮擦工具"的"内部擦除"选项不能擦除线条。（　　）

（2）传统补间动画只能使用图形元件实例。（　　）

（3）引导线动画以路径上两点的路径轨迹最短距离作为运动轨迹。（　　）

答案：对、错、对。

3．实操题

地球公转是地理课程中的一个知识点。我们需要制作一段演示动画，运用所学知识通过补间动画、引导线动画等技术，模拟地球公转的过程，如图5-106所示。

要求：构图比例合理，动画流畅，速度均衡。

提示：

在运用相关素材制作地球公转动画时，我们可以结合使用元件内部遮罩层和传统补间动画功能制作地球自转，地球公转轨道可以用引导线制作。

图 5-106

反侵权盗版声明

　　电子工业出版社依法对本作品享有专有出版权。任何未经权利人书面许可，复制、销售或通过信息网络传播本作品的行为；歪曲、篡改、剽窃本作品的行为，均违反《中华人民共和国著作权法》，其行为人应承担相应的民事责任和行政责任，构成犯罪的，将被依法追究刑事责任。

　　为了维护市场秩序，保护权利人的合法权益，我社将依法查处和打击侵权盗版的单位和个人。欢迎社会各界人士积极举报侵权盗版行为，本社将奖励举报有功人员，并保证举报人的信息不被泄露。

举报电话：（010）88254396；（010）88258888
传　　真：（010）88254397
E-mail：dbqq@phei.com.cn
通信地址：北京市万寿路 173 信箱
　　　　　电子工业出版社总编办公室
邮　　编：100036